ストレスをめぐる生物学

～ネズミから学ぶ～

斎藤　徹 編著
by Toru R. Saito

アドスリー

はじめに

経済的に豊かになり、科学技術も高度に発達し、最近では便利で快適な生活が実現しています。歴史を遡ってみれば、今日のような豊かな時代ではなかったわけですが、一方で現代社会ならではの問題も顕著化しています。

現代社会はストレス社会ともよばれているように、われわれは多くのストレスを抱えて、身体や心の不調に悩んでいます。

「平成20年度版国民生活白書」（内閣府）によれば、「あなたは日頃、ストレスを感じますか」との問いに、ストレスを感じると回答した人（「とてもストレスを感じる」「ややストレスを感じる」）の割合は、国民の過半数（57・5パーセント）を占めています。年齢層別では、40代（69・1パーセント）を最高に、30代、20代、50代（61・0パーセント）と続いており、10代でも「ストレスを感じている」と回答しています。

ストレスは、現代社会のなかではたらく大人ばかりでなく、子どもからお年寄りまで避けて通れないもののようです。もしも地球上にストレスのない世界があれば、誰もが一度は行ってみたいと思ったことがあるでしょう。しかし、ストレスがない状態が続けば、そのことにストレスを感じるようになり、決してストレスから逃れることはできません。

ストレスそのものは悪いものでしょうか？　自分にかかるプレッシャーやストレスについて、正しく理解し解釈することによってストレスは軽減できます。また、ストレスをバネに自分自身をさらに向上させることも可能です。

動物もストレスを感じているのでしょうか？　自然界の動物は、気温の変化や外敵の脅威などにさらされています。これら厳しい環境を克服して生きていくには、ストレスを感じなければなりません。たとえば、外敵に対しては「逃走か、闘争か」の行動をとりますが、もしストレスを感じなければ命を落とすことになります。われわれも太古の時代からストレスを感じて、今日まで生きてきたのです。

本書では、「ストレス」に関する動物実験データを中心に、生物学的な側面から「ストレスの原因となる刺激とは？」、「ス

赤ちゃんにもストレスがある？

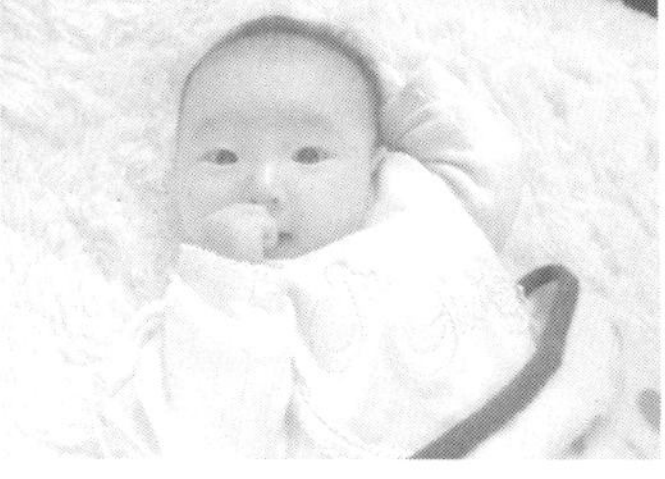

ストレス解消？

トレスを感じると身体や心のはたらきはどうなるのか?」について、やさしく解説しました。本書は3章から構成されていますが、どこからでも読み始めていただいて結構です。「ストレス」について、科学的な正しい知識を持ち、ストレスと上手くつきあい、共存できるようにしたいものです。

最後に、本書の企画から編集の細部にわたりお世話になりました株式会社アドスリー代表取締役・横田節子氏、石井宏幸氏に感謝します。

斎藤　徹

2016年　睦月

目次

第2章 ストレスと神経・ホルモン

第1章

ストレスと生体

日本獣医生命科学大学 名誉教授
斎藤 徹

はじめに

われわれは、ストレスという用語を日常的にしばしば使っています。「ストレスを抱える」「ストレスに陥る」「ストレス解消」など。

一体、ストレスとは何でしょうか?

広辞苑によると次のように説明されています。①語のなかのある音節を際立たせるために強化される力の程度。②応力。③種々の外部刺激が負担としてはたらくとき、心身に生じる機能変化。④俗に、精神的緊張を言う。さらに、②応力については、物体が荷重を受けたとき荷重に応じて物体の内部に生じる抵抗力とあります。つまり、ストレスとは、元々、物理学の分野で使われていた用語で、歪み（ゆがみ・ひずみ）をあらわします。ゴムボールを指で押さえると、ボールは歪んだ状態になりますが、指の力を取り除くとボールはもとの球体に戻ります（図1）。

生物学の分野では、③の意味で、「外部からの刺激に対して、それに順応しようとするための体内反応」とされます。ヒトをはじめ、動物の身体は、外部からの刺激に対して、常に一定の安定した状態を維持する機構が備わっており、これを「ホメオスタシス

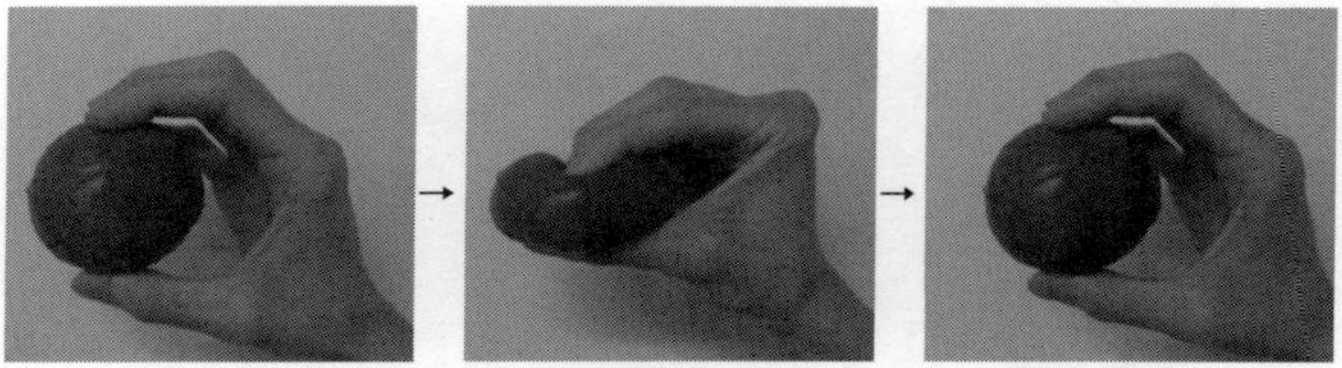

ストレッサーのかかっていない状態 → ストレッサーがかかっている状態（ストレス） → ストレッサーが取り除かれた状態

図1　ゴムボールにおけるストレッサーとストレス

（恒常性）」と言います。外部からの刺激を受けると、ホメオスタシスは一時的に乱れますが、これを元に戻そうとはたらきかけます。この一連の反応をストレスとよんでいます。

本章では、最初に生物学・医学におけるストレスの刺激とその反応について、次いで具体的な動物のストレスについて見ていきます。

ストレス学説の歴史

「実験医学序説」を著したクロード・ベルナール（Claude Bernard、1813-78年。フランスの生理学者）は、気温や気象など、人間の身体を取り巻く条件を「外部環境」、細胞と細胞間を満たす血液とリンパ液などの体液を「内部環境」とよび、内部環境は外部環境が大きく変化しても、一定の状態に保たれているとの考えを示しました。

ウォルター・キャノン（Walter B. Cannon、1871‐1945年。アメリカの生理学者）は、ベルナールの考えを「恒常性の維持（homeostasis、ホメオスタシス）」と名づけ、その重要性を指摘し、生理学、医学の分野に大きな足跡を残しました。彼は、生理学の分野で初めて「ストレス」という言葉を用いたことでも有名です[1]。

ベルナール、キャノンの研究成果を踏まえ、「ストレス」を今日われわれが用いているような意味合いで、身体全体の臓器反応として研究を大きく進めたのが、オーストリア＝ハンガリー帝国で生まれ、カナダのマックギル大学で内分泌の研究をしていた、ハンス・セリエ（Hans Selye、1907‐82年）です。セリエは、物理的・化学的な刺激、あるいは精神的苦痛など、生体（心身）をおかすような要素は、身体に一定の反応を引き起こすと考えました。ストレスを引き起こす外部環境からの要素を「ストレッサー」、そしてストレッサーによって誘起される、身体の一連の反応を「ストレス」と定義しました[2]。

ストレッサーの種類

身体の外から、身体や心にはたらきかける刺激が、セリエの提唱した、ストレッサーでした。ストレッサーは、大きく2つに分類されます。「外部的ストレッサー」と「内部的ストレッサー」で、前者には物理的ストレッサー、化学的ストレッサーおよび生物学的ストレッサー、後者には精神的ストレッサーおよび社会的ストレッサーが含まれます（表1）。近年とくに問題となっているのは、内部的ストレッサーによる心因性ストレッサーです。背景には戦後70年、先進国を中心に社会構造や人間関係が複雑化あるいは多様化し、企業や学校で求められる技術や能力がより高度化したことがあります。また最近では、職場や学校における人間の尊厳を奪うような嫌がらせの多発化もあります。

ストレッサーを時間軸で分類すると、「急性ストレッサー」と「慢性ストレッサー」に分けられます。急性ストレッサーは、突然の変化や危機的な状況で、たとえば地震や交通事故などが挙げられます。慢性ストレッサーは、持続的なストレッサーで、長時間労働などが考えられます。安定した社会ではどちらかと言うと、急性ストレッサーよりも慢性ストレッサーのほうが多いようです。

表1　ストレッサーの種類

外部ストレッサー
- 物理的ストレッサー
  - 寒冷、高熱、振動、騒音、放射線など
- 化学的ストレッサー
  - 公害物質、薬物、酸素欠乏・過剰など
- 生物学的ストレッサー
  - 感染、炎症など

内部ストレッサー
- 精神的ストレッサー
  - 恐怖、緊張、不安、怒り、悲しみなど
- 社会的ストレッサー
  - 転勤（校）、退職（学）、ハラスメントなど

ちなみに、セリエは、生体にとって有害な環境因子だけでなく、よい環境因子もストレッサーとして挙げています。たとえば、目標、夢、良好な人間関係など、自分を奮い立たせてくれたり、勇気づけられたり、元気にしてくれたりする刺激です。こうしたよいストレッサーは人生を豊かに、かつ充実したものにしてくれます。

ストレッサーの数値化

われわれの身体や心に影響を及ぼすストレッサーの大きさを客観的な数字で示すことは可能でしょうか？

物理的、化学的および生物学的ストレッ

表2　社会再適応尺度

順位	項目	ストレス値
1	配偶者の死	100
2	離婚	73
3	夫婦別居生活	65
4	刑務所などへの拘留	63
5	肉親の死	63
6	負傷や病気	53
7	結婚	50
8	解雇	47
9	夫婦の和解調停	45
10	退職	45

サーであれば、数字にあらわすことができます。たとえば、騒音の大きさ（dB）、アンモニアの濃度（ppm）および細菌の数（colony）など、刺激の強さを簡単に比較できます。

では、精神的および社会的ストレッサーについては数値化できるでしょうか？

アメリカのホームズ（Thomas Holmes）らが1967年に公表した、「社会再適応尺度」の点数表が参考になります。彼らが作った点数表は、精神的および社会的ストレッサーとなり得る生活上の事象の各項目において、「このような経験をしたのち、元気を取り戻して、再び社会に溶け込む（再適応）ために、どのくらいの時間とエネルギーが必要であったか?」という問いを約400人に投げかけ、その回答を100点満点で処理したものです。「社会再適応尺度」のトップ10を列挙します（表2）。ちなみに、この「社会再適応尺度」は約50年前にアメリカの一般的な生活をベースに作成されたものですが、今日のように複雑化および多様化した現代社会、あるいはアメリカと文化や生活習慣が異なる日本においても、大きく違わないでしょう。

ストレス

ストレスとは、外部からのストレス刺激（ストレッサー）が身体に加わると、身体に一連の非特異的な反応が起こるということでした。非特異的反応とは、特異的反応（ある刺激に対する決まった反応）の反意語で、刺激の種類にかかわらず、どの身体にも起こる一定の反応で、これをセリエは適応症候群とよびました。

生体が連続的にストレッサーにさらされたとき、全身に生じる適応現象を全身適応症候群とよび、次の3ステージに区分されます（図2）。

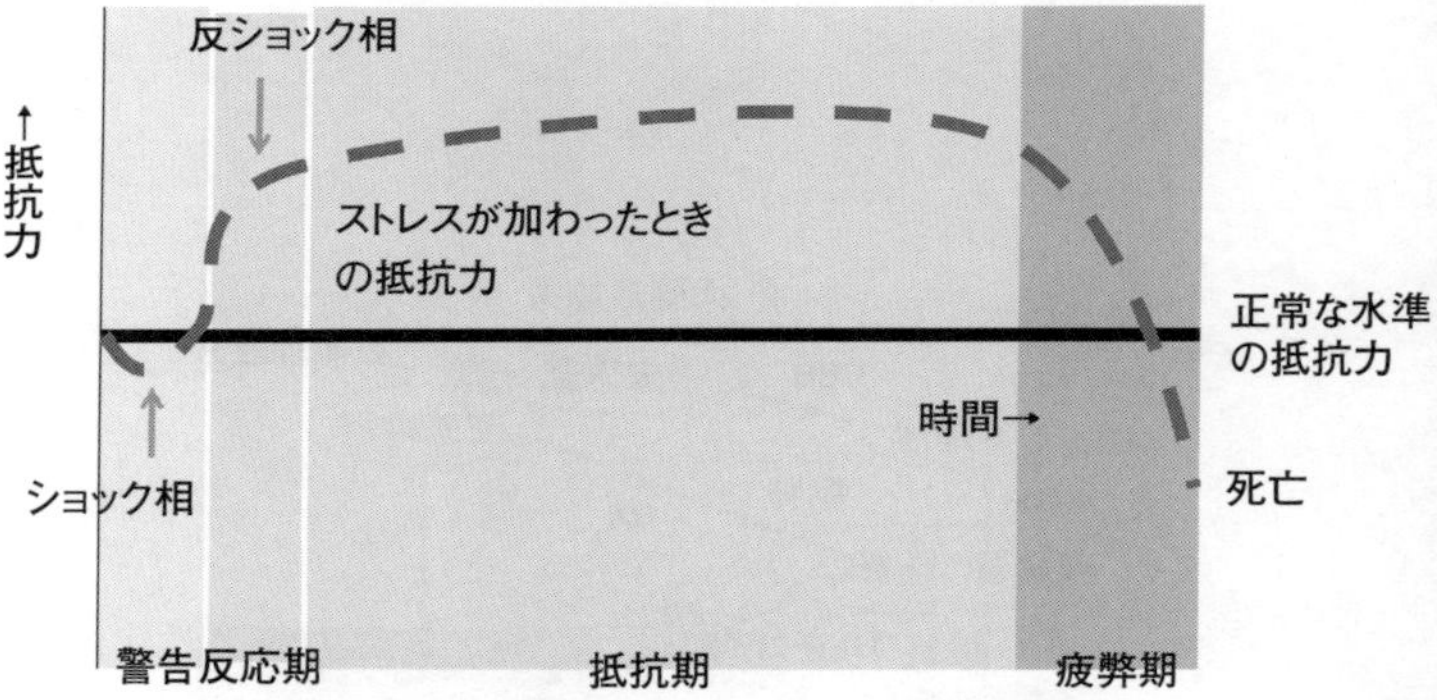

図2　セリエの一般適応症候群

1　第1期　警告反応期

ストレッサーに対して、生体が緊急事態発生の警告を発し、ストレスに耐えられるように内部環境を急速に準備する緊急反応の時期です。警告反応期はショック相と反ショック相に分けられます。

・ショック相（受動的反応期）は、ストレッサーのショックを受けている段階で、自律神経系のバランスが崩れて心拍数の低下、血圧の低下、体温の低下、血糖値の低下、筋緊張の弛緩などの現象が見られ、外部環境への適応が未だできていない状態です。

・反ショック相（能動的反応期）は、ショック相で受けた突然のショックから

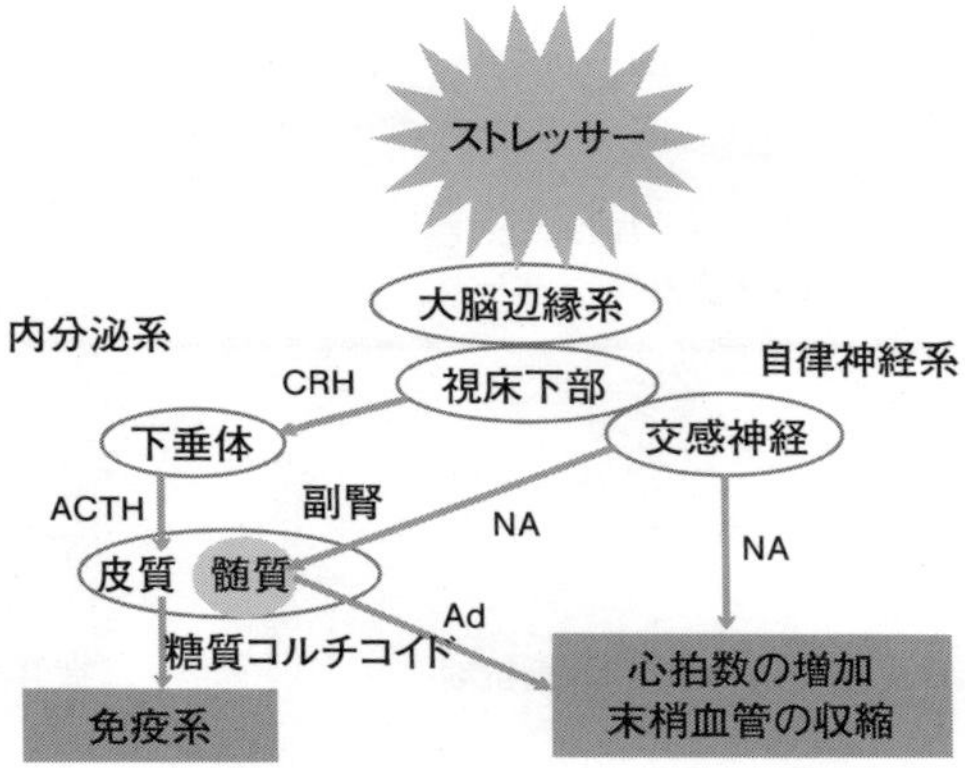

図3　ストレスに反応する生体システム

立ち直って、ストレスに適用しようとする生体防御反応が本格的に発動される段階です。

図3のシェーマを見ながら、次の文章を読み進んでください。ストレッサーは末梢から感覚神経を介して大脳皮質に送られ、その情報は大脳辺縁系で処理された後、視床下部へと伝えられます。

視床下部は、ホルモンを通じて、身体全体のはたらきを調整する内分泌系をコントロールする部位です。すなわち、ストレッサーは視床下部から下垂体に副腎皮質刺激ホルモン放出ホルモンＣＲＨを分泌させ、下垂体は副腎皮質刺激ホルモンＡＣＴＨを分泌し、副腎皮質より副腎皮質ホルモンの１つである糖質コルチコイドを分泌させます。その結果、血糖値の上昇、副腎皮質の肥大および胸腺や脾臓の委縮（免疫抑制作用）などの現象が見られます。ちなみに、糖質コルチコイドの分泌が過剰になると、海馬の神経細胞が破壊され、海馬が委縮することが心的外傷後ストレス障害PTSDやうつ病の患者に認められています（第3章参照）。

さらに、視床下部は内臓のはたらきを整える自律神経系をコントロールする部位でもあります。すなわち、ストレッサーを受けた視床下部は交感神経を緊張させ、その末端からノルアドレナリンNAを分泌させます。副腎髄質に分布する交感神経線維は髄質中のクローム親和性細胞に達し、そこからアドレナリンAdを分泌させます。その結果、心拍数、血圧および体温の上昇が見られます。

2　第2期　抵抗期

持続するストレッサーとそれに抵抗する力が拮抗し、生体防御反応が安定している時期です。しかし、この状態を維持するためにはエネルギーが必要であり、エネルギーが枯渇する前にストレッサーが弱まるか消失すれば、生体は元の健康を取り戻しますが、エネルギーが枯渇してしまうと、疲弊期に突入します。

3　第3期　疲弊期

長期間にわたって継続するストレッサーに生体が対抗できなくなり、段階的にストレッサーに対する抵抗力が衰えます。心拍数、血圧、体温および血糖値などの低下が起こり、生体は衰弱し、死に至ります。

要するに、生体がストレッサーにさらされたときに見られる全身適応症候群は、視床下部や副腎皮質などのホルモン分泌や自律神経系の神経伝達活動によって起こる反応で、副腎皮質の肥大、胸腺や脾臓の委縮および胃・十二指腸の出血・潰瘍の症状があらわれます。これを「セリエの3つのストレス状態」と言いますが、さらにCRHの黄体刺激ホルモン放出ホルモンLHRH分泌抑制のはたらきによる生殖腺（精巣、卵巣）、副生殖器の委縮も見られます。

ここまで、ストレスについての一般的な解説を試みました。以下、動物を題材に、個々のストレスについて見てみましょう。

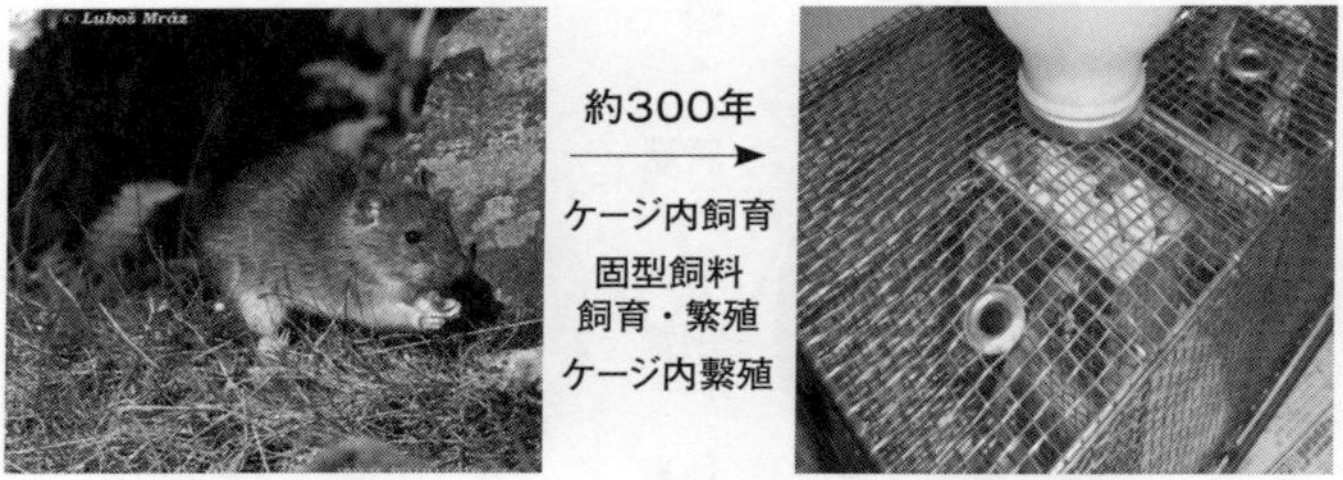

ドブネズミ
Rattus norvegicus
Brown rat (Norway rat)

ラット
Rattus norvegicus
Laboratory rat

図4　ドブネズミの実験動物化

動物に見るストレス

1　家鼠とラットにおけるストレスの比較

家鼠をご存じですか?

株式会社シー・アイ・シー研究開発センターの小松謙之博士によると、住宅、ビル、下水溝、耕地などに住むネズミの総称で、ドブネズミ、クマネズミ、ハツカネズミなどを家鼠とよんでいます。これらは農業害獣として捕獲の対象です。

一方、ラットはドブネズミと同種（哺乳綱—ゲッ歯目—ネズミ科—ドブネズミ属—ドブネズミ）で、約300年前に捕獲されたドブネズミを一定の環境下（温度、湿度、照明、換気、固型飼料）で今日まで人工飼

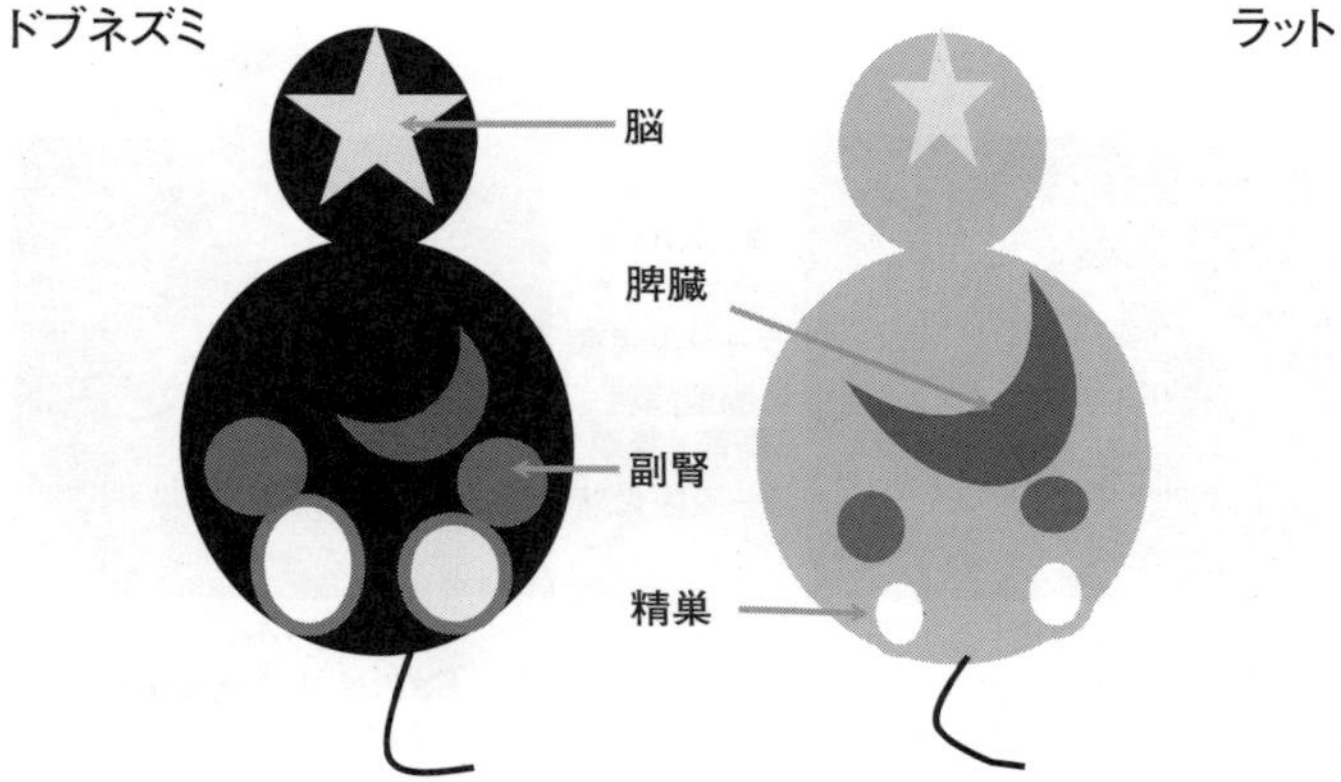

図５　ドブネズミとラットの臓器の大きさの比較
（ドブネズミとラットの体重が異なるため各臓器は体重比で示した）

育されている実験動物です。食料品、医薬品、化粧品などの安全試験を始め、多くの動物実験に用いられています（図４）。

小松博士は、都内で捕獲した直後のドブネズミとラットの臓器の大きさについて調べたところ、ドブネズミの脳、副腎、精巣などの臓器がラットに比べて大きく、脾臓の小さいことがわかりました（図５）。

ドブネズミは、気象の変化や外敵の脅威などのストレッサーにさらされており、自然界の厳しい環境が身体を防衛する機能を高めているのです。

次に、一定の環境下で飼育されている実験動物としてのマウスやラットなどのストレスについて、過去の文献を参考に少し詳

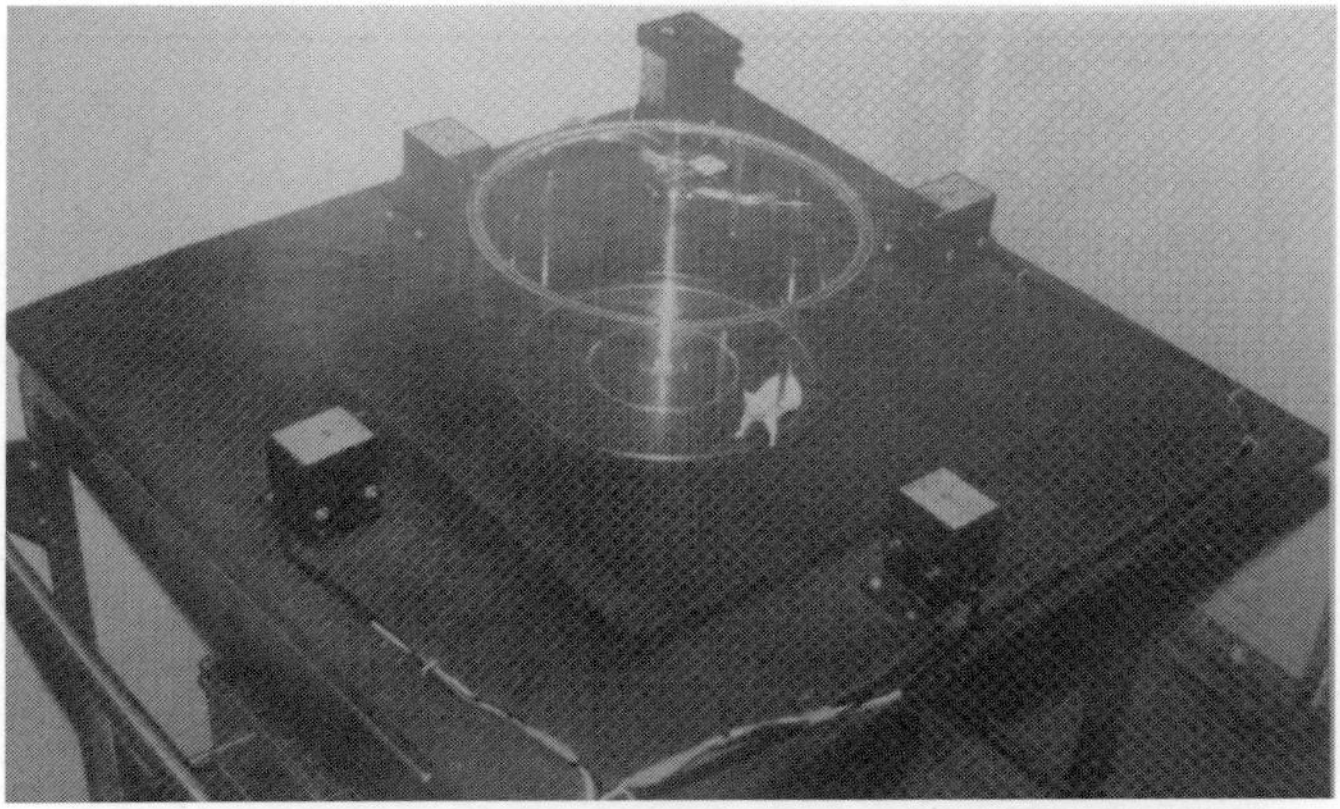

図6　マウスのオープンフィールドにおける情動行動の観察装置

しく見てみましょう。

2　新奇環境とストレス

実験動物として、通常、マウスやラットはケージ内で群飼育されています。このケージが、かれらの住居で、ホームケージとよばれます。

ホームケージからオープンフィールドに移されたマウス（図6）の情動行動を観察して見ましょう。これをオープンフィールドテストと言います。情動行動とは、情動、いわゆる心の感情が行動に反映された行動で、歩行、立ち上がり、ジャンピング、排糞尿、洗顔およびグルーミングなどです。

図7に示すように、歩行回数、立ち上が

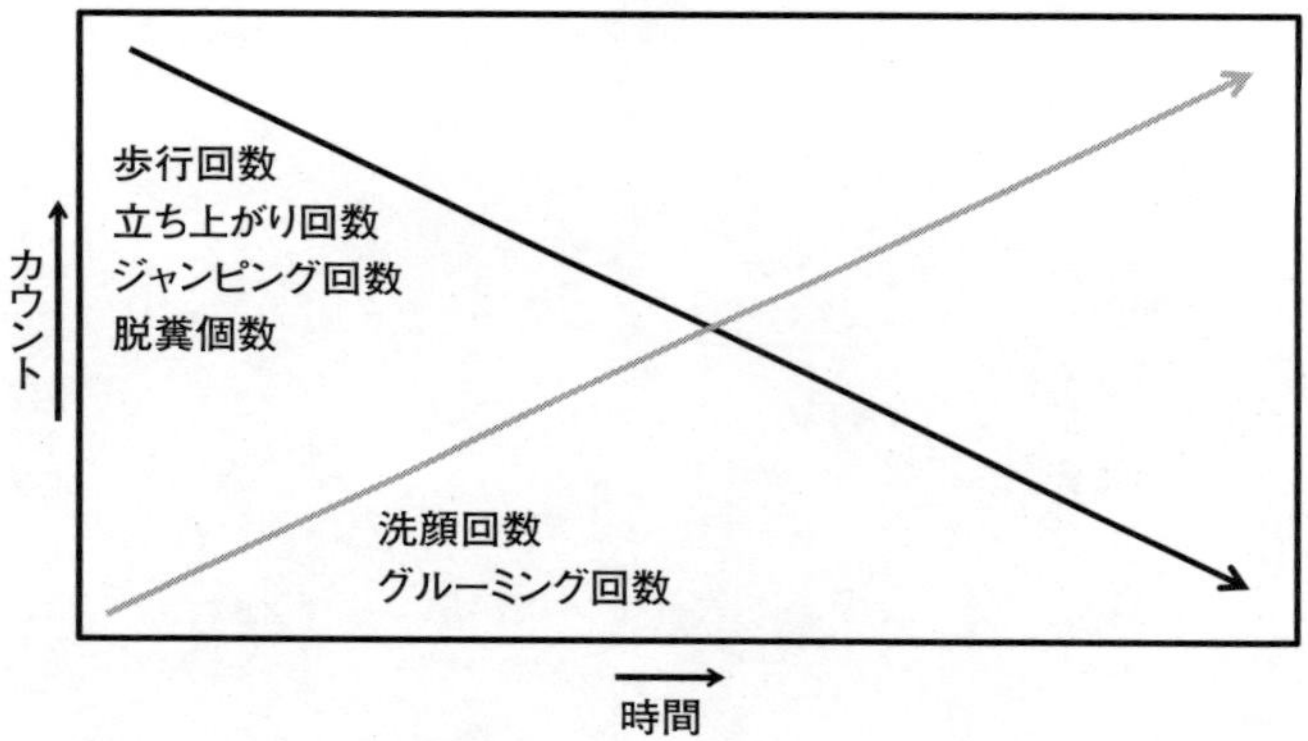

図７　マウスのオープンフィールドにおける情動行動量の時間的推移

り回数、ジャンピング回数および脱糞個数については、オープンフィールドに導入された直後は高い値で、時間の経過に伴い減少傾向が見られます。逆に、洗顔とグルーミング回数には増加傾向が見られます。

マウスにとって、オープンフィールドは新奇環境で、それが急性ストレッサーとなりますが、時間の経過とともに環境の新奇性が失われてストレッサーとしての刺激が軽減されます。このことが自律神経系（交感神経の優位性から副交感神経の優位性への移行）を通じて、マウスの情動行動に反映されているのです。

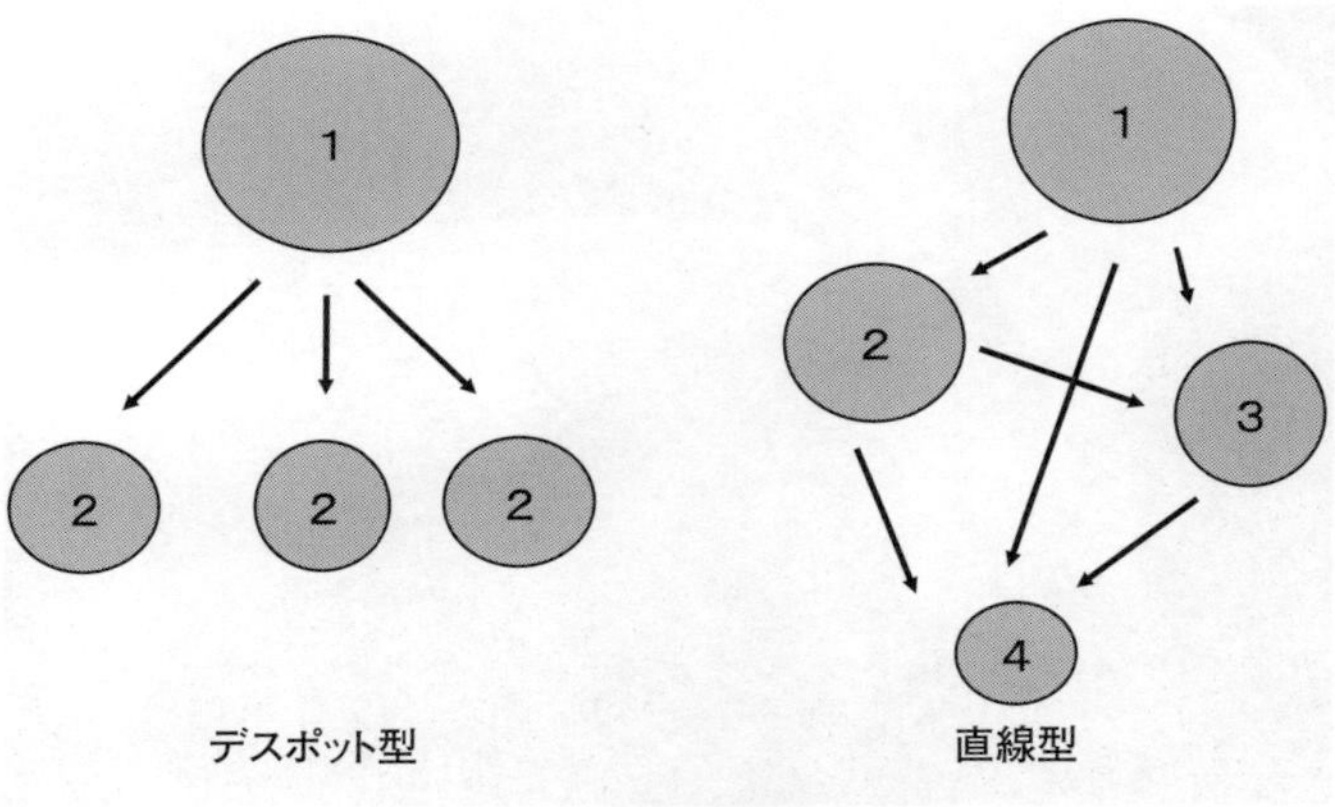

図8　社会的順位制

3　社会的順位とストレス

動物が2匹以上で飼育されている場合、そこには動物社会が構成されます。実験動物においても、個別飼育の場合を除いて、そこには動物社会が構成されます。

順位とは、同種動物の個体間で見られる優劣関係のことで、順位制とは、ある動物の社会が順位を基礎として構成されるときに決定されるものです。順位制は、動物の攻撃性と深くかかわっています。

社会的順位としては、2つの型に大別されます（図8）。マウス、ラットなどはコロニーのなかでただ1匹の首長（デスポット、despot）が他のメンバー全部に優位であり、劣位同士の間には優劣関係が見ら

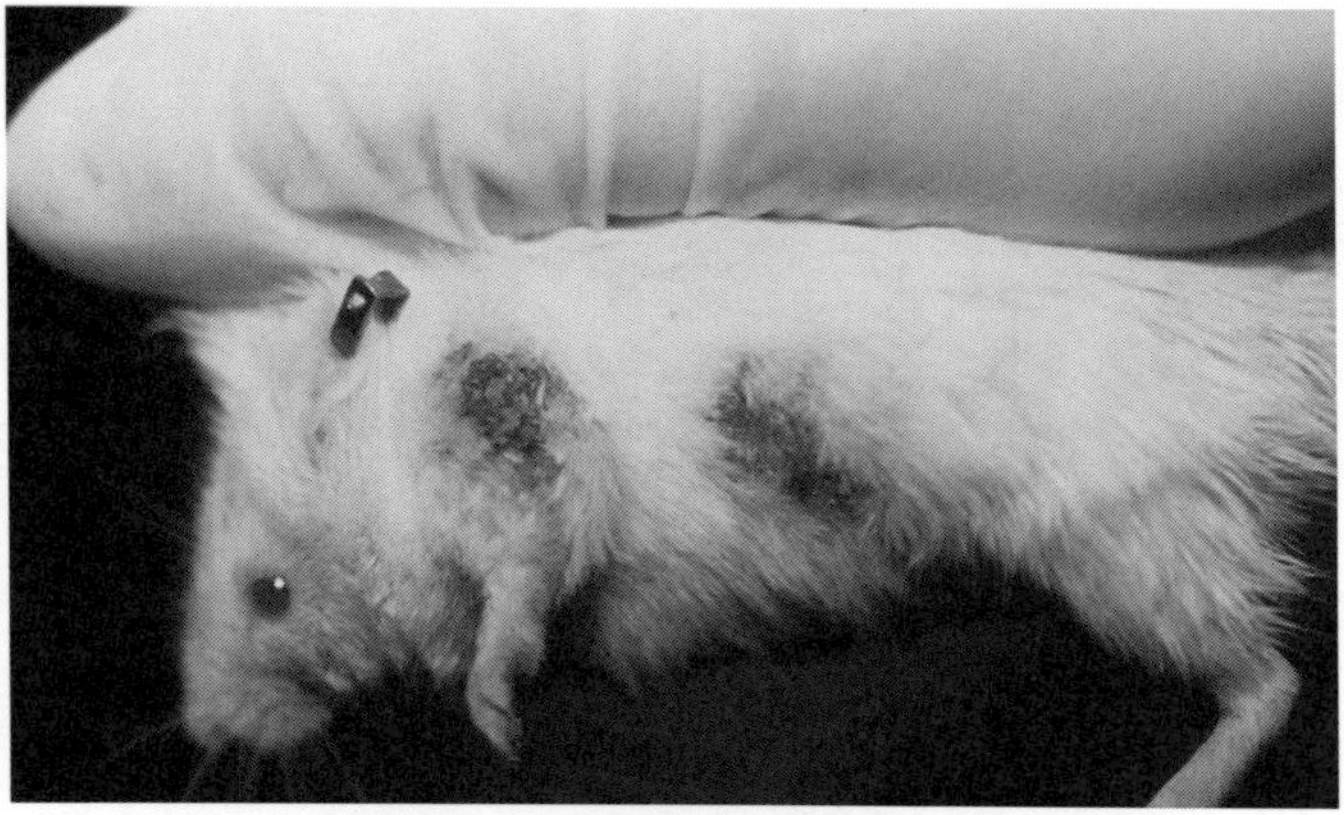

図9　デスポット型における劣位個体（攻撃を負い外傷が見られる）

れません。一方、優位—劣位の相互関係が直線的に連なるのが直線型で、サル、ウサギ、ニワトリなどが示します。

群飼育されているマウスやラットのなかで、どの個体がデスポット（優位）でしょうか？　デスポットは攻撃性が強く、他の個体を攻撃し、外傷を負わせます。つまり、体表に外傷がない個体がデスポットで、体表に外傷がある個体が劣位（図9）となります。

われわれの研究室で行った実験の結果を表3に示します。4匹のオスマウスを同居後、10日間の観察を行いました。同居後、2～3日で優劣関係が生じ、劣位のマウスの体重減少が顕著に見られ、実験途中で死

表3　オスマウスの順位（優位－劣位）と体重との関係

ケージ番号	個体番号	体重 開始日	体重 終了日	同居後の日数 0	1	2	3	4	5	6	7	8	9	10
1	1	33.1	—		△	△	△	△	X（21.5）					
	2	31.1	31.0			○								
	3	36.6	28.6			△	△	△	△	△	△	△	△	△
	4	33.9	—			△	△	△	△	△	△	△	△	X（21.5）
2	5	35.3	33.2				○							
	6	39.7	33.2				△	△	△	△	△	△	△	△
	7	41.4	34.3		△	△	△	△	△	△	△	△	△	△
	8	35.4	29.8				△	△	△	△	△	△	△	△
3	9	32.8	29.6				○							
	10	36.3	29.9				△	△	△	△	△	△	△	△
	11	33.1	28.4		△	△	△	△	△	△	△	△	△	△
	12	29.7	—		△	△	△	△	△	△	X（17.2）			

○：優位　△：劣位　X：死亡　（　）：死亡時の体重

亡する個体（図10）もあらわれました。

臓器重量については、一般に、劣位の個体は優位の個体に比べて副腎重量の増加傾向があり、胸腺、精巣、包皮腺などの重量では副腎とは逆に減少する傾向のあることが報告されています[3-5]。

これらの変化は社会的順位によるストレッサーに対するストレス反応の結果です。

4 飼育密度とストレス

実験動物においては、動物は個別飼育からかなりの高密度飼育まで、飼育密度にはいろいろな段階があります。飼育密度は、一般に、一定面積内における飼育匹数と定義されています（図11）。

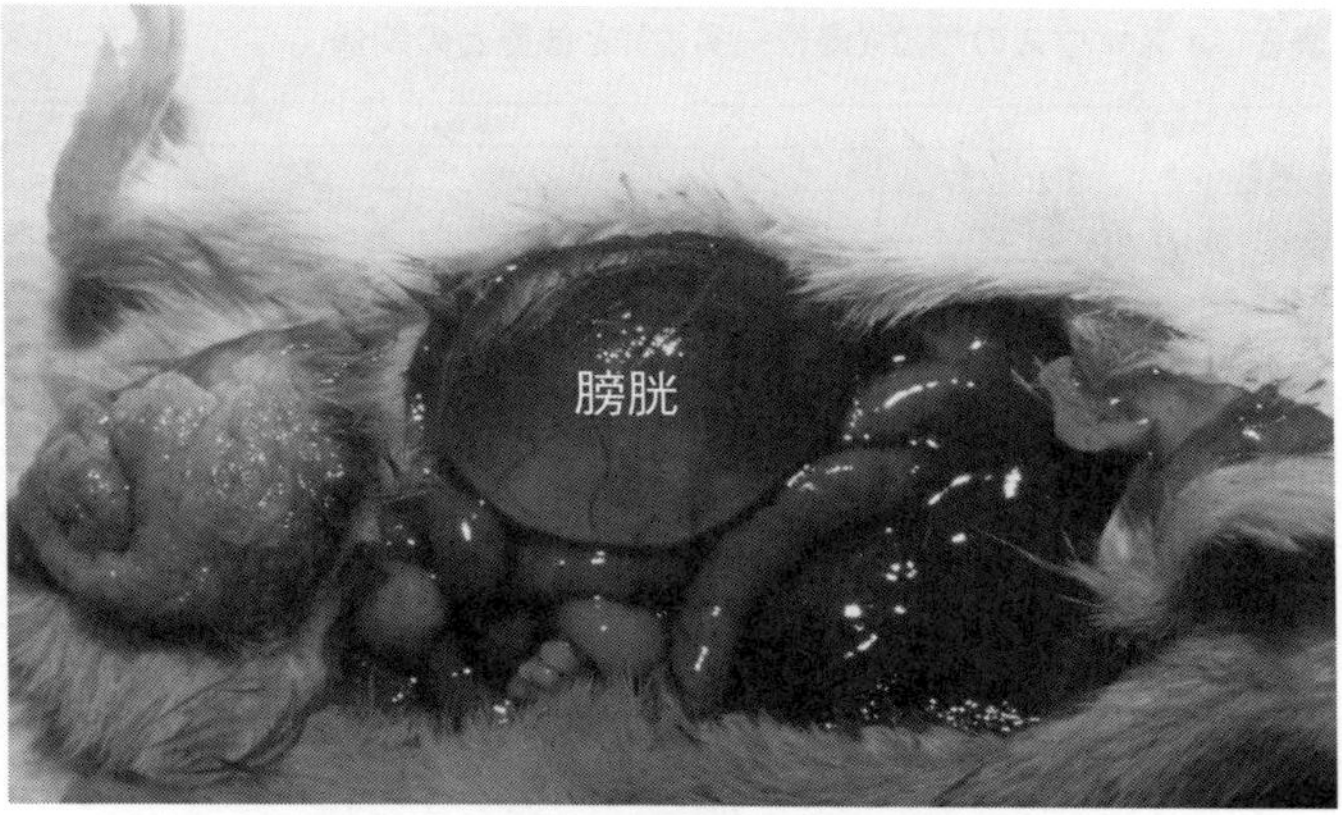

図 10　死亡した劣位の個体（膀胱に尿の貯留が見られる）

飼育密度の増加に伴って、副腎重量は増加すること、また胸腺や生殖腺、副生殖器官（精嚢腺、包皮腺など）などの重量は逆に減少することが報告されています[6]。

飼育密度と腫瘍の発生について、高密度飼育のマウス（1ケージ内に25匹）の乳がん発生率は低密度飼育（1ケージ内に2匹）に比べて低下していることが示されています[7]。乳がん発生には卵巣機能が関係しており、高密度飼育のマウスにおける乳がん発生率の低下は、高密度飼育によるストレッサーの増加が卵巣の機能を低下させた結果によるものと考えられています。

これらの変化は飼育密度（ストレッサー）の増加によるストレス反応の結果です。

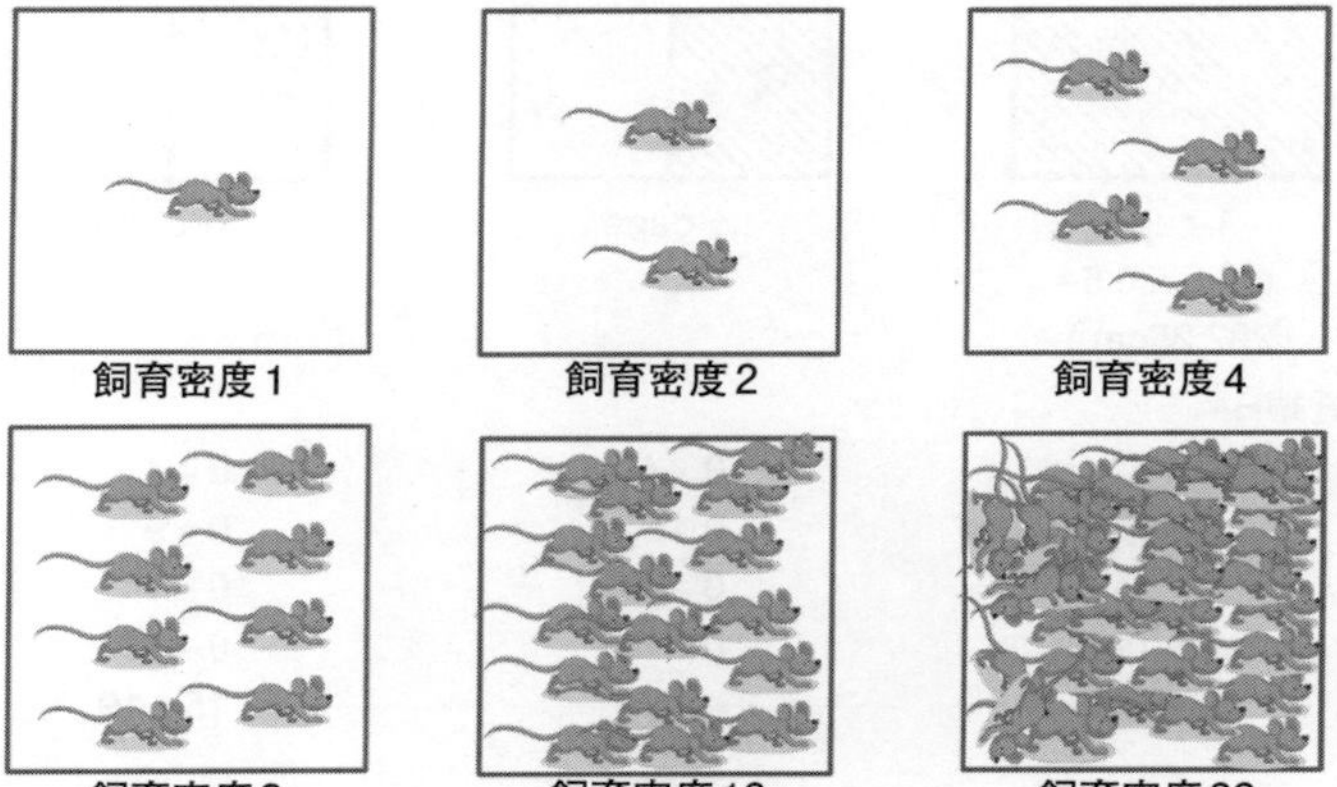

図11　飼育密度の比較

参考までに、われわれの研究室では個別飼育（1ケージ内に1匹）のマウスは群飼育（1ケージ内に4匹）のマウスに比較して、副腎重量と攻撃頻度において高値であることを認めています。[8] これらの変化は、仲間とのアイソレーション（分離）によるストレス反応の結果であるかもしれません。これを分離効果とよび、離乳時における母子間の分離効果がよく知られています。

5　飼育スペースとストレス

個別飼育において、さらにケージ面積（N－Hガイドラインによる床面積を基準とした1-cage）、すなわち狭い床面積のケージ（1/2-cage あるいは 1/4-cage）（図12）

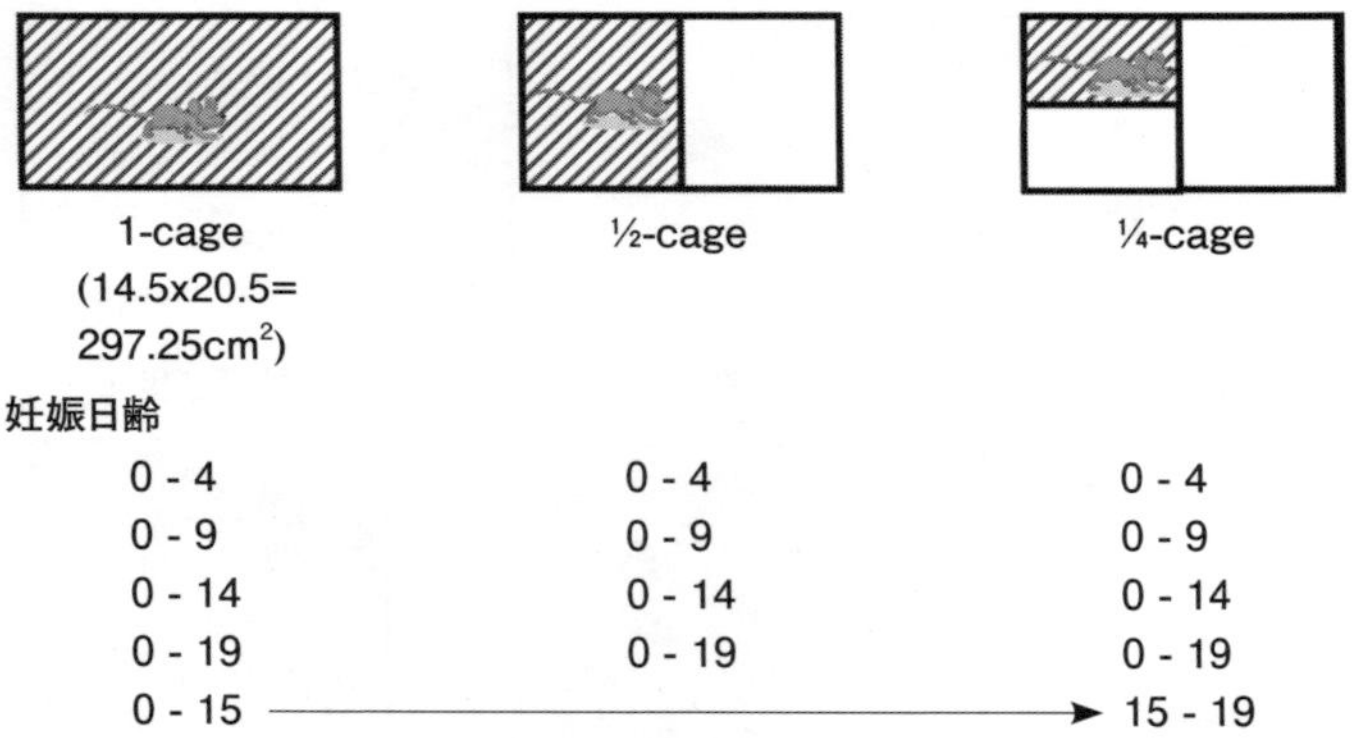

図 12　各サイズのケージに収容された妊娠マウス

がストレッサーになるでしょうか？

　われわれの研究室の大学院生であった本村伸子さんの実験[9]から紹介しましょう。

　1/4-cageのラットは妊娠4日目で胸腺重量の有意な低下が見られています（図13）。1/4（15)-cage（妊娠0～15日まで1-cageに、その後妊娠19日まで1/4-cageに収容）のラットは妊娠19日目でコルチコステロン濃度の有意な上昇（図14）と同時に副腎重量の有意な増加も観察されています。

　これより、1/4-cageは一時的な急性ストレッサーとしてはたらき、時間の経過に伴いそのストレッサーとしての刺激は軽減あるいは消失すると考えられます。要す

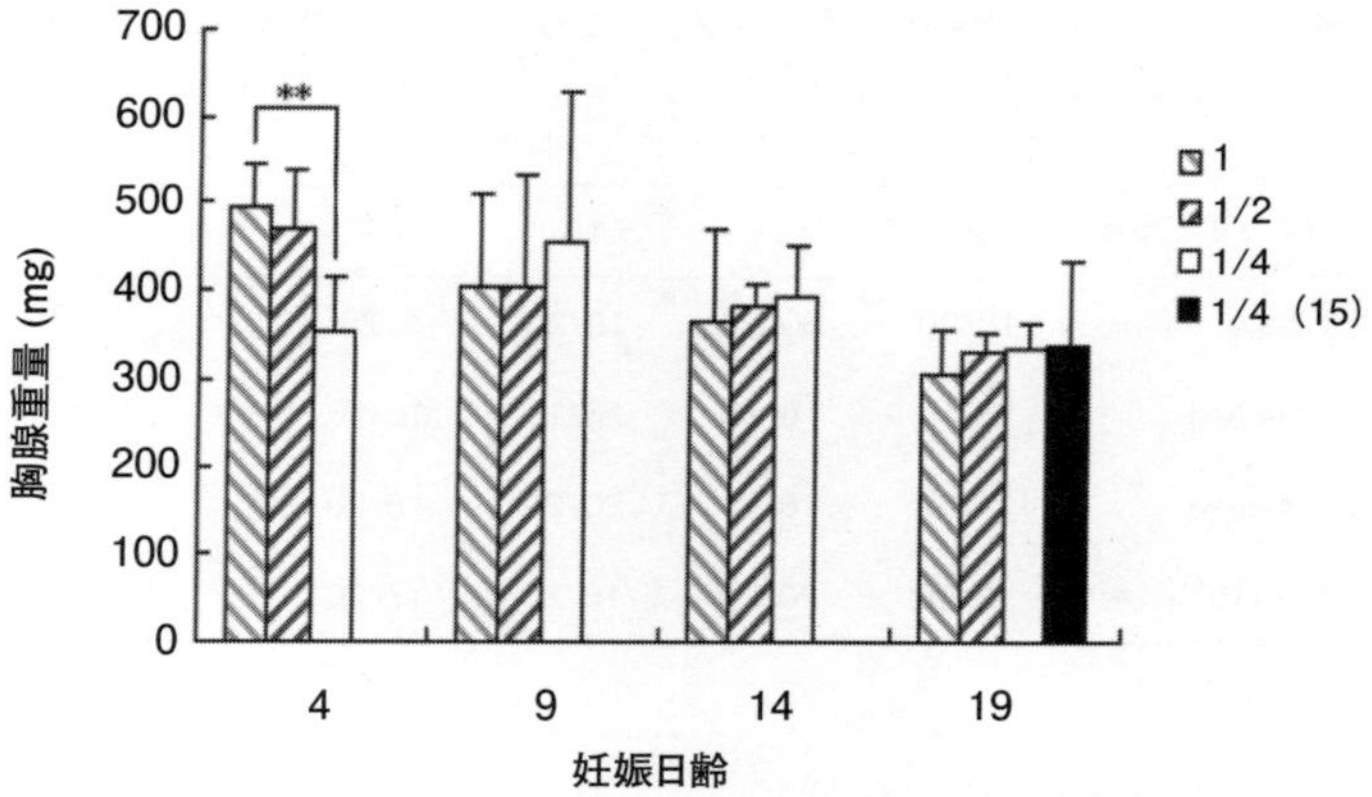

図 13　ケージサイズと妊娠ラットの胸腺重量との関係

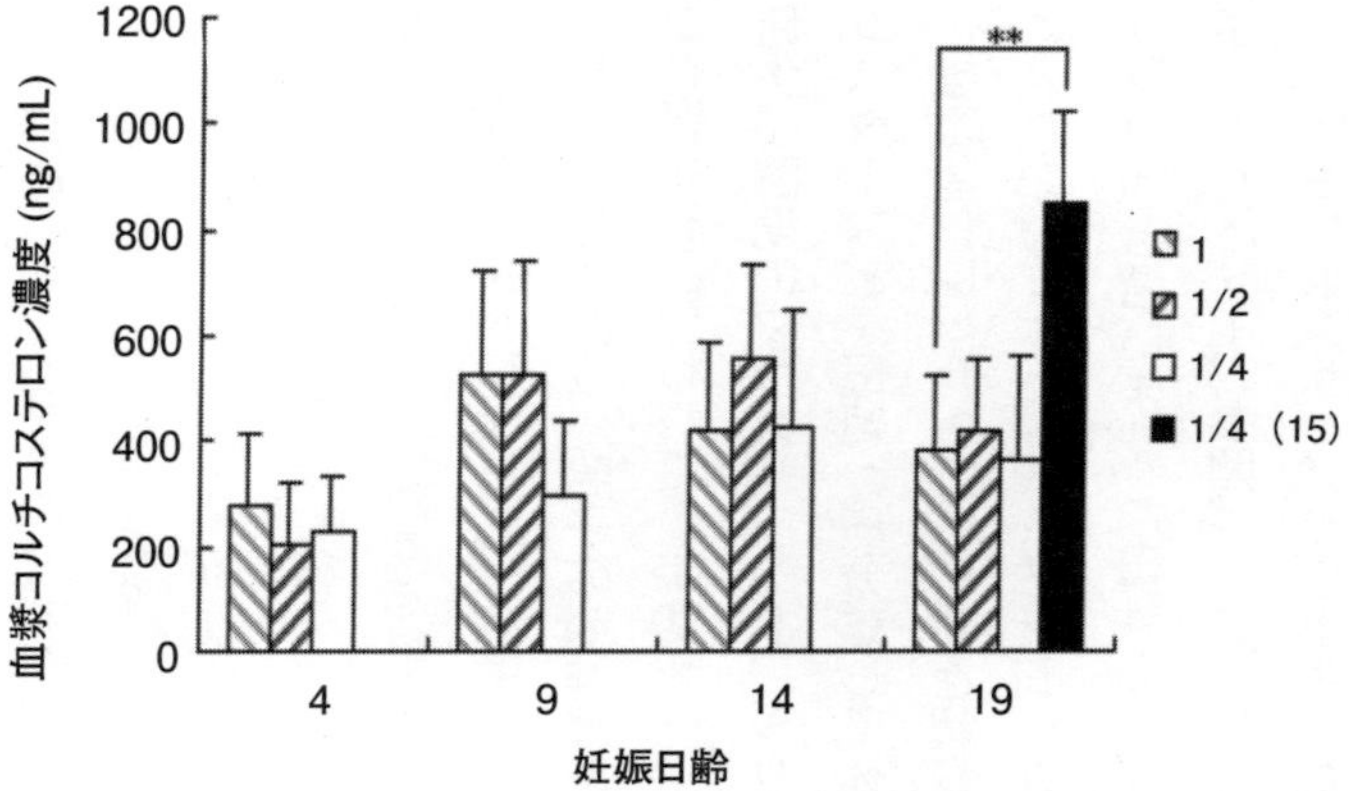

図 14　ケージサイズと妊娠マウスの血漿コルチコステロン濃度との関係

表4　ケージサイズと新生子のアイソレーションコーリング発生率との関係

	日齢					
ケージサイズ	2	5	10	15		
1-cage	18/20	20/20	18/20	9/20		
1/2-cage	16/16	16/16	16/16	10/16	＊＊	
1/4-cage	14/20	18/20	20/20	18/20		＊＊
1/4（15）-cage	18/20	20/20	18/20	17/20		

**P<0.01

るに、妊娠ラットがそれぞれのケージサイズに順応したとも言えます。1/4（15）-cage の妊娠ラットに見られた変化は、1-cage に十分に順応した後の急性ストレッサー（1/4-cage）に対する結果です。

妊娠動物のストレス反応は同時に、胎子のストレスでもあり、胎子の脳神経系の発育に影響すると言われています[10-12]。

新生子時期のマウス、ラット、シリアンハムスターなどを母親から分離して体温低下などのストレッサーにさらすと超音波を発声します。これを「アイソレーションコーリング」と言います（「母性をめぐる生物学」アドスリー、参照）。

表4に各ケージサイズから出生した新生

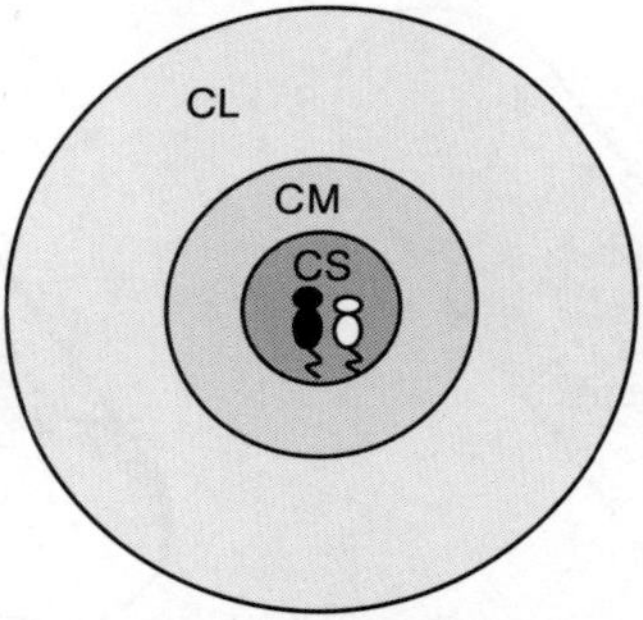

CS: 3.14 × 122 = 452 (cm^2)
CM: 3.14 × 172 = 907 (cm^2)
CL: 3.14 × 342 = 3,630 (cm^2)

図15　ラットの交配行動におけるケージサイズ

子時期のアイソレーションコーリングの発生率について示します。生後15日で1-cageのラットの発生率は減少（9/20）傾向が見られていますが、1/4（15）-cage（17/20）および1/4-cage（18/20）のラットは依然として高い傾向が維持されています。

アイソレーションコーリングの発声は母子分離（ストレッサー）による新生子の不安な感情を反映した反応かもしれません。

ちなみに、交配行動においてもケージサイズに影響されます。われわれは図15に示す実験条件下で、オスの交尾行動の観察を行いました。詳細は文献[13]に譲るとして、ケージサイズの縮小に伴い交尾行動の低下、つまり射精回数の減少を観察しています。

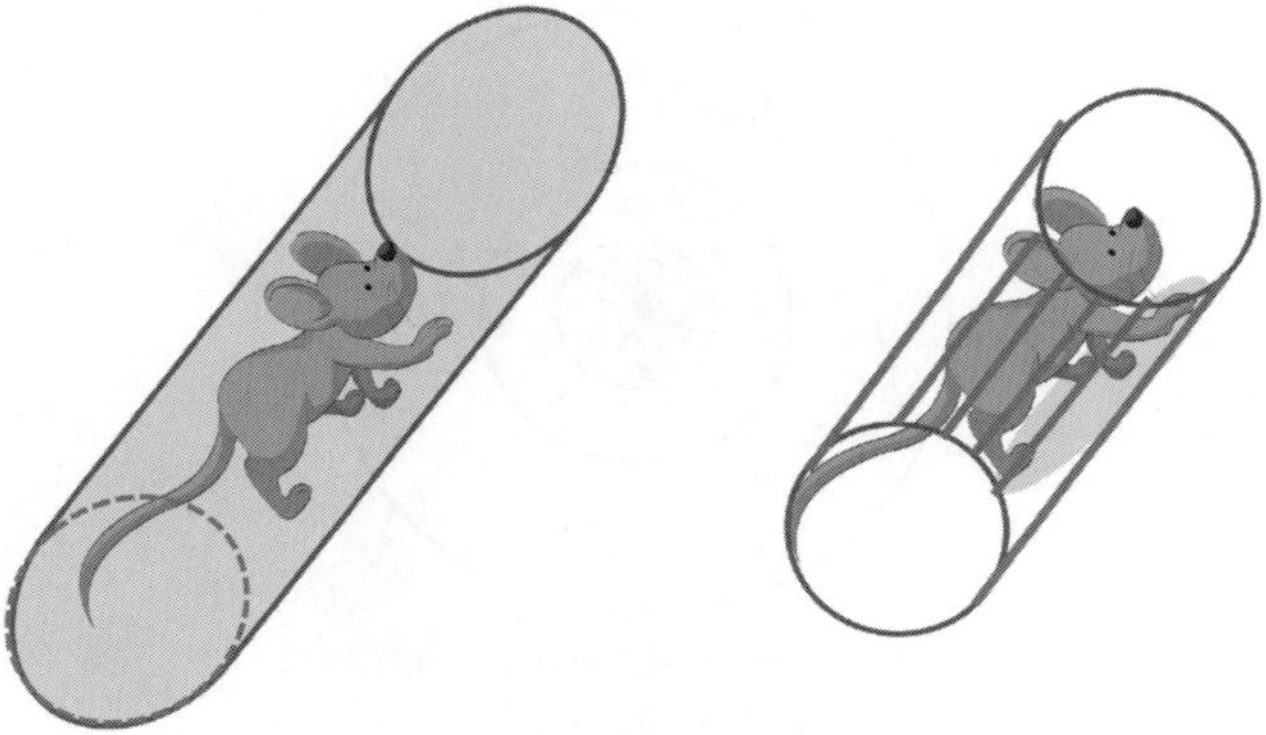

図 16　ラットの拘束法

6　拘束とストレス

拘束、いわゆる行動の自由を制限された動物（図16）はストレス状態に陥り、生体防御反応を示すようになります。拘束ストレッサーによるストレス反応の指標として、一般的にストレスホルモンと言われている血中コルチコステロン（Corticosterone）、ノルアドレナリン（NA）、アドレナリン（Ad）濃度の測定が行われています。

ここでは著者がゼンメルヴァイス大学医学部に留学していた頃（2003年）、ナジー教授（図17）の研究室で行っていた実験を紹介します[14,15]。ちなみにナジー教授はサルソリノール（Salsolinol、プロラ

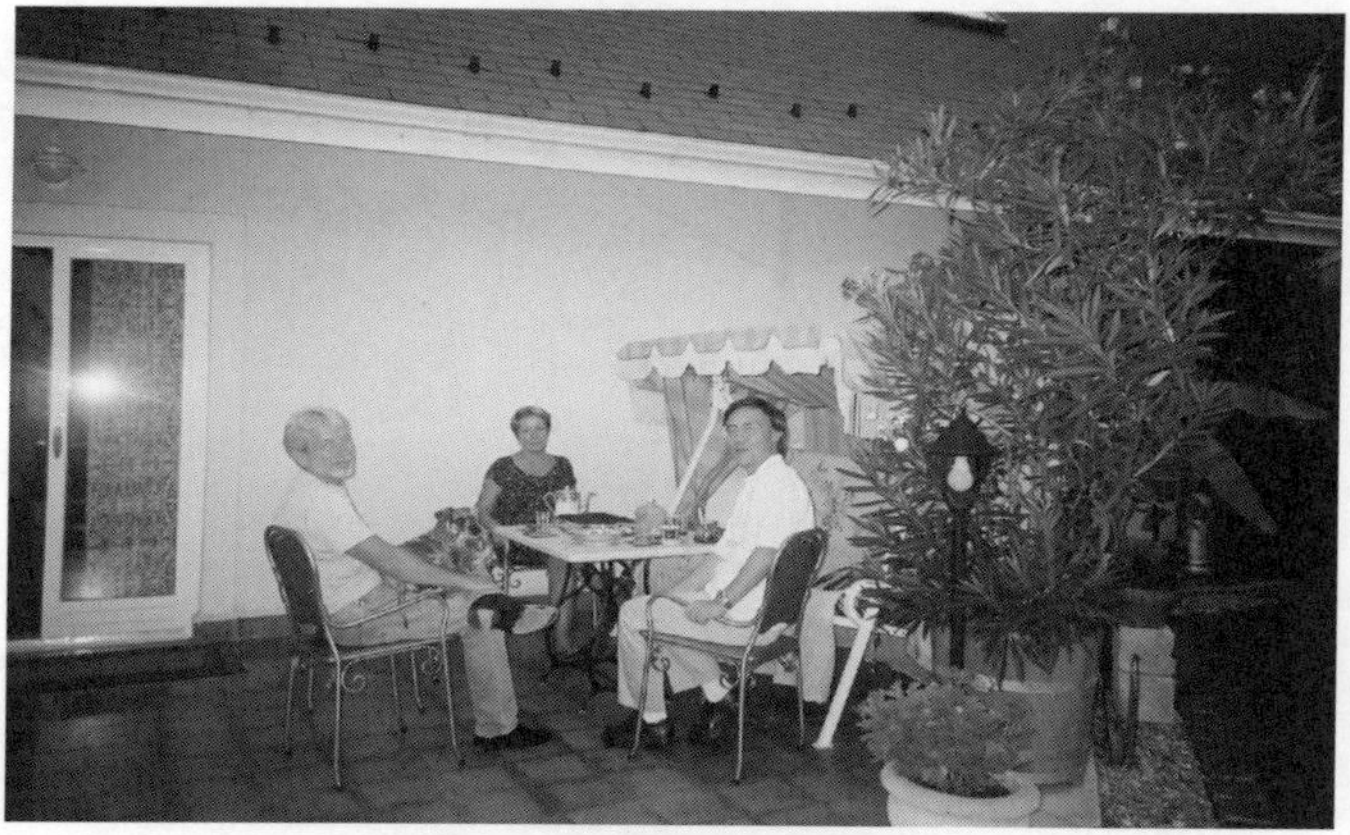

図17　ナジー教授夫妻と筆者（ナジー教授宅にて、2003年）

クチン放出ホルモン）の発見者として知られています。

要約すると、ラットの拘束ストレッサーにより、拘束5分後には血漿コルチコステロン（図18）およびノルアドレナリン、アドレナリン（図19）濃度の上昇を認め、拘束中高値を維持しています。これらの変化は拘束下におけるラットのストレス反応を示しています。

さらに、拘束によるプロラクチンの上昇も観察しています（図20）。ちなみに、吸引刺激（新生子に乳を吸わせるときに受ける神経の刺激により生じる）によってもプロラクチンの上昇が見られています（第2章参照）。ここで、先ほどのサルソリノ

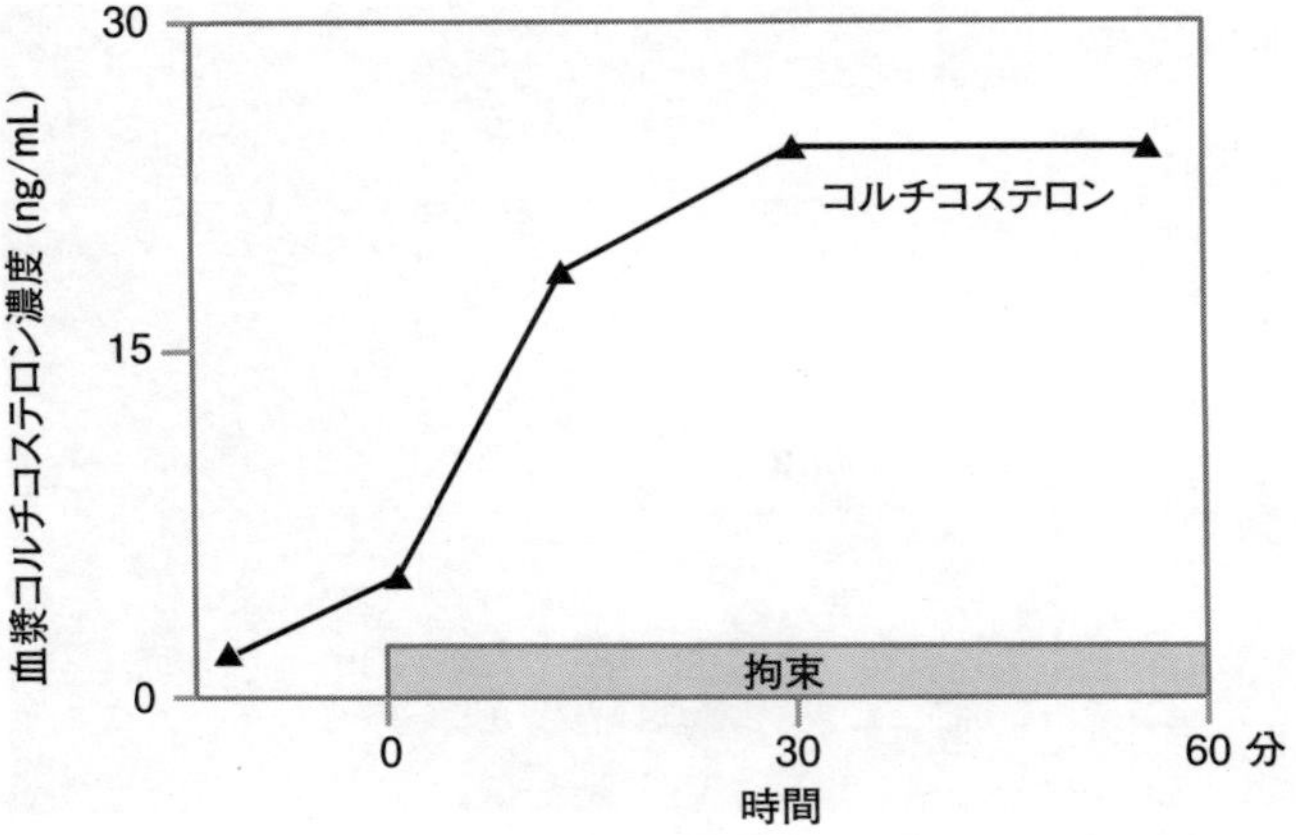

図 18　ラットの拘束による血漿コルチコステロン濃度の推移

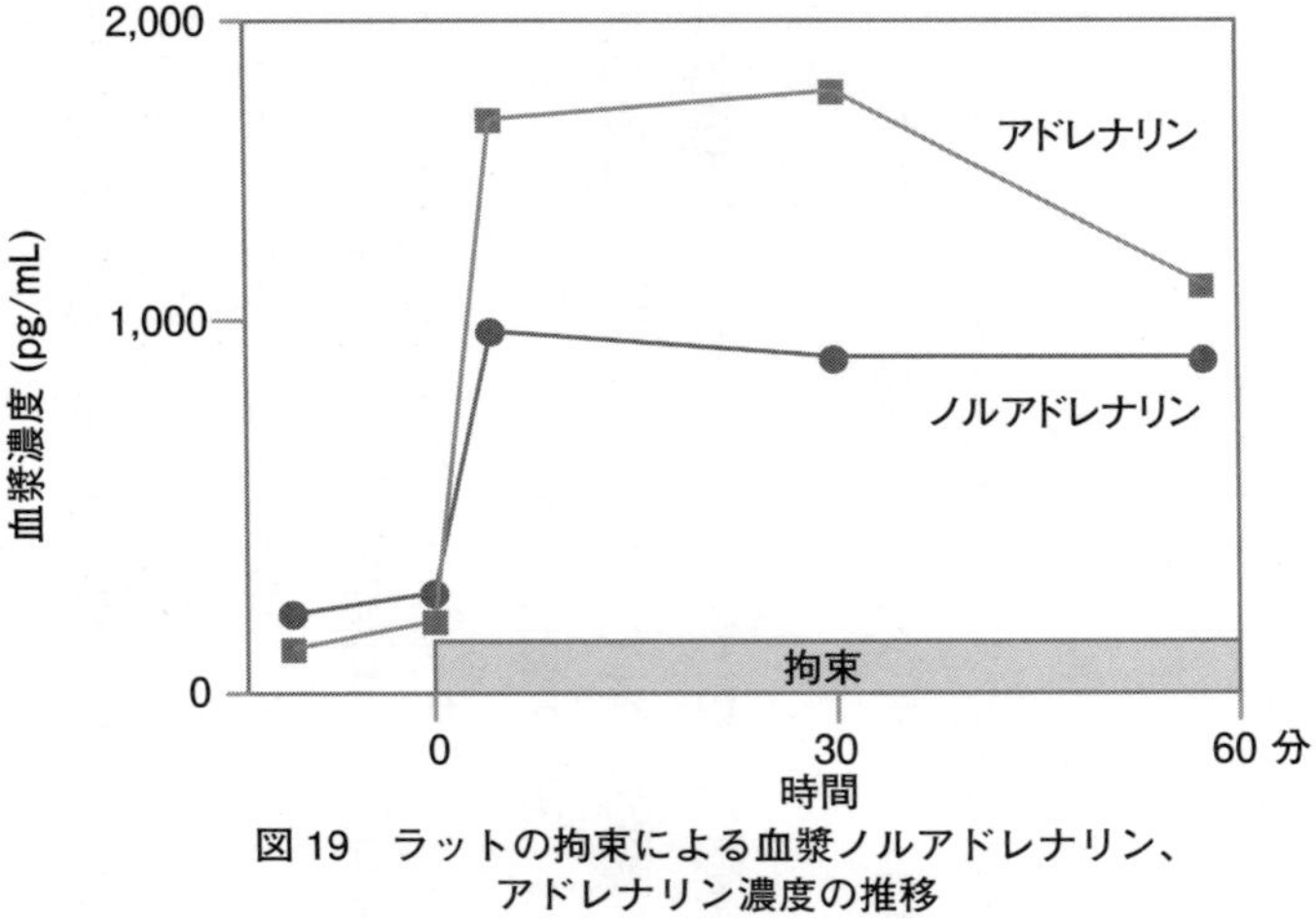

図 19　ラットの拘束による血漿ノルアドレナリン、
アドレナリン濃度の推移

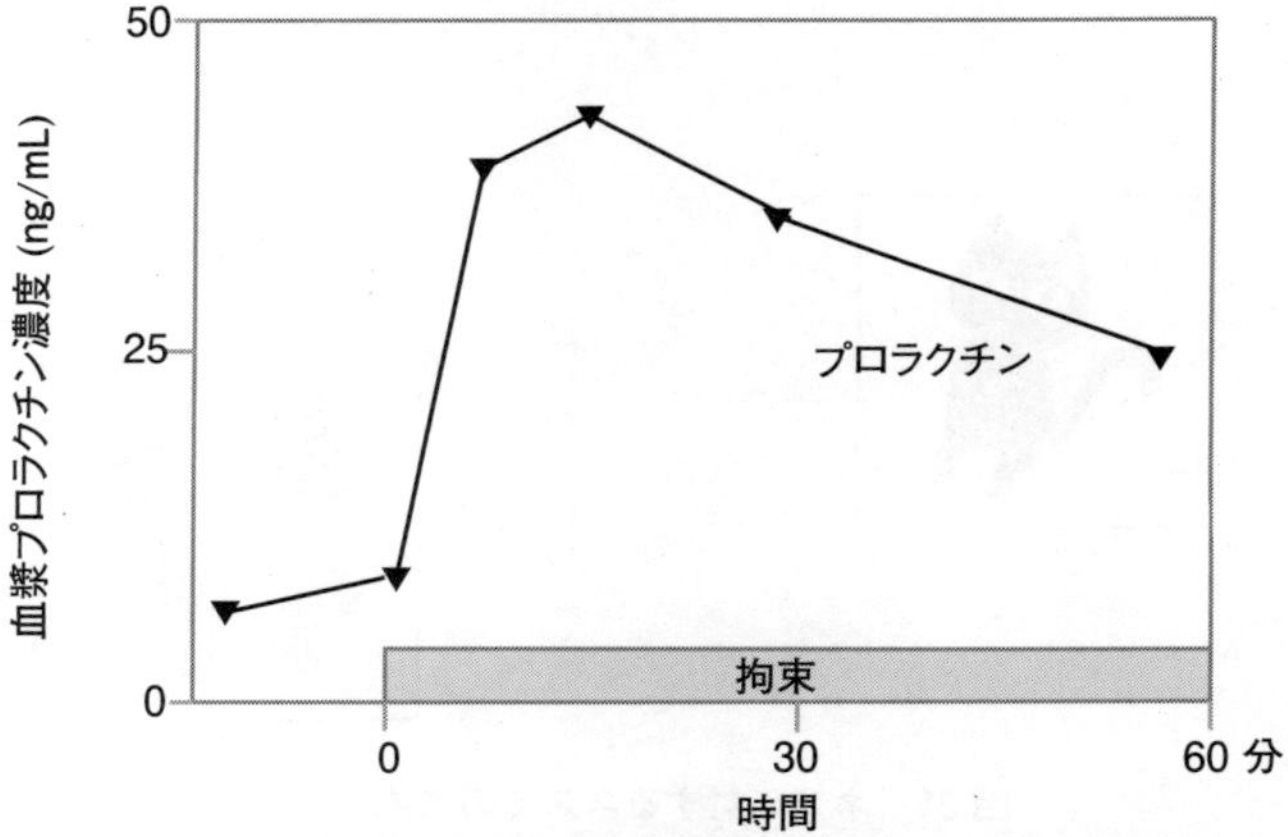

図 20　ラットの拘束による血漿プロラクチン濃度の推移

ールとその構造類似体拮抗物質 1-methyl-3,4-dihydroisoquinoline（1MeDIQ）の登場です。

これらの化学物質のはたらきとして、サルソリノールはプロラクチンの分泌を促すばかりでなく、拘束ストレッサーによるノルアドレナリンとアドレナリンの上昇を抑制すること、しかしコルチコステロンの上昇を抑制できないことが明らかにされました。一方、1MeDIQ は拘束によるプロラクチンの上昇を抑制することが示されました。ちなみに、吸引刺激によるプロラクチンの上昇を抑制することもわかりました。

これらの研究から、プロラクチンは本来の機能（乳汁の生産と分泌の促進）はもち

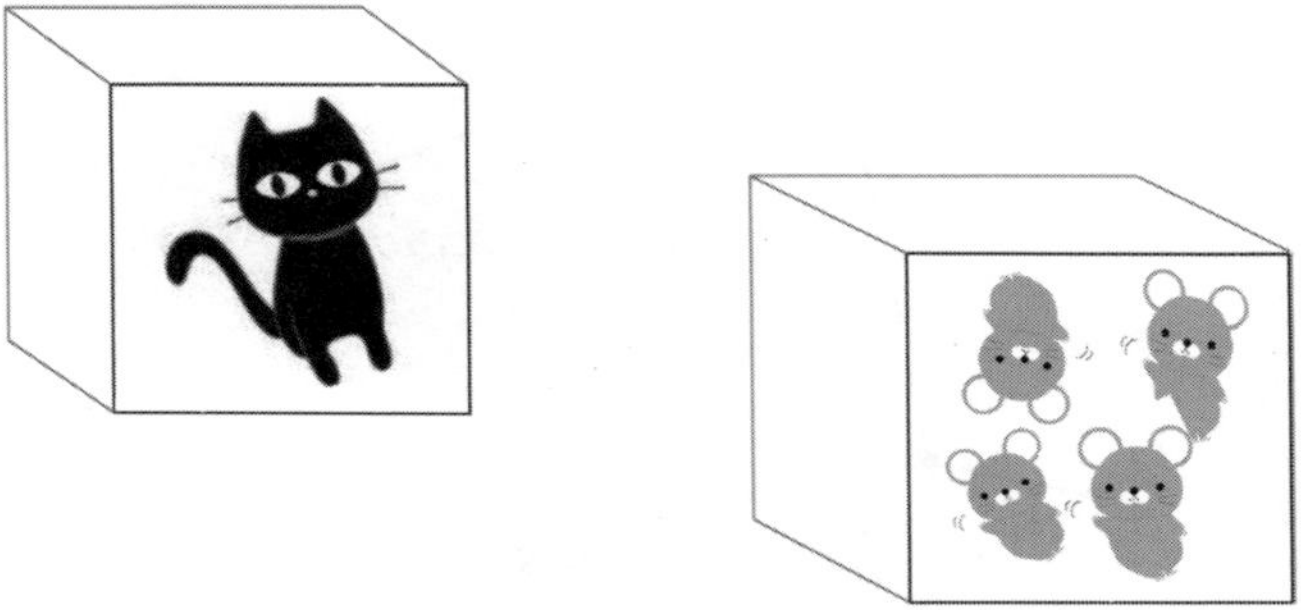

図21　ネコに対するネズミの恐怖

ろん、さらにストレス反応の緩和に何かしら関与していると思われます。

7　異種動物とストレス

最後に、ネコとネズミのお話をしましょう。

ネコはネズミにとっての天敵です。当時の残留農薬研究所の高橋和明博士（日本獣医生命科学大学名誉教授）はメスマウスにネコを近づけました（図21）。

マウスは恐怖（Fright）を感じて、その場から逃走（Flight）するか、または闘争（Fight）するか？　これらは「動物のストレスに関する情動や行動の3Fs」とよばれています。しかし、ケージ内のマウスはストレッサー（ネコ）からの回避は不可能です。マウスの性周期が不規則になり、ついには発情を示さなくなりました。

この性周期の変化はストレッサーによる卵巣の機能（排卵）の低下を示しています。

以上、動物の個々のストレスについて見てきましたが、われわれも日常生活のなかで、これらと同じようなストレスに遭遇しているのではないでしょうか。

おわりに

私事で恐縮ですが、皮肉なことに、ストレスの小冊子を執筆している私がこの間、ストレスを抱え込んでいました。紆余曲折を経て、やっと原稿が完成しました。これでストレスから解放されます。

人間をはじめ、生物は生きているかぎりストレッサーにさらされながら生活を送っています。それゆえ、ストレスに対処する方法も考えるべきです。最初はストレスの原因であるストレッサーが何であるかを知ることです。次に、そのストレッサーを直ちに取り除く、またはそれから逃避することです。最後はストレッサーと上手につきあうことです。

新約聖書のマタイ福音書には次のような成句があります。

「明日のことまで思い悩むな。明日のことは明日自らが思い悩む。その日の苦労は、その日だけで十分である」

参考文献

1 Cannon W B: Am. J. Psychol., 25: 256-282, 1914.
2 Selye H: Nature, 138: 32, 1936.
3 Davis D E and Christian J J: Proc. Soc. Exp. Biol. Med., 94: 728-731, 1957.
4 Barnett S A: Nature, 175: 126-127, 1955.
5 猪貴義ほか：実験動物、15：49-53, 1966.
6 Christian J J: Am. J. Physiol., 181: 477-480, 1955.

7 Albert Z: Husbandry of Laboratory Animals, 275-284, 1967.
8 大沼富雄ほか：実験動物技術、15：158-161, 1980.
9 Motomura N, et al.：Scand. J. Lab. Anim. Sci., 27: 17-24, 2000.
10 Barlow S M, et al.：J. Endocri., 66: 93-99, 1975.
11 Ward II: Science, 175: 82-84, 1972.
12 Ward II: Science, 207: 328, 1980.
13 Saito TR: Contemp. Top. Lab. Anim. Sci., 35: 80-82, 1996.
14 Bodnar I, et al.: J. Neuroendocrinol., 16: 208-213, 2004.
15 Bodnar I, et al.: Ann. NY. Acad. Sci., 1018: 124-130, 2004.

第2章

ストレスと神経・ホルモン

日本獣医生命科学大学　名誉教授
田中 実

はじめに

私たちがストレスを感じる状況というのは、ひとことで言えば嫌いなもののなかに自分の身を置かなければならない状況です。では、嫌いなものとはどういうものでしょうか？　また、その反対に好きなものとはどういうものでしょうか？

好き・嫌いには個人によって違いがありますが、単純に考えれば、好きなものはその刺激により快感を感じるもの、嫌いなものは苦痛を感じるものです。好きと感じるものと嫌いと感じるものそれぞれの共通点を考えると、好きと感じるものは、美味しいものを食べること、優しくされることのように、生存にとって有利なもの、嫌いと感じるものは、空腹や痛みのように、生存にとって不利なものです。ですから、好きなものは手に入れようとし、嫌いなものは避けようとするのです。とくに、嫌いなものを避けることは、生存にとって重要ですが、そのための最良の方法は『闘争』か『逃走』、すなわち闘うか逃げるかです。闘ってやっつけてしまうか、逃げてその場から離れることによって『嫌いなもの』はいなくなります。しかし、『嫌いなもの』に対して闘うことも逃げることもできず、『我慢』してそのなかに身を置かなければならない場合もあります。

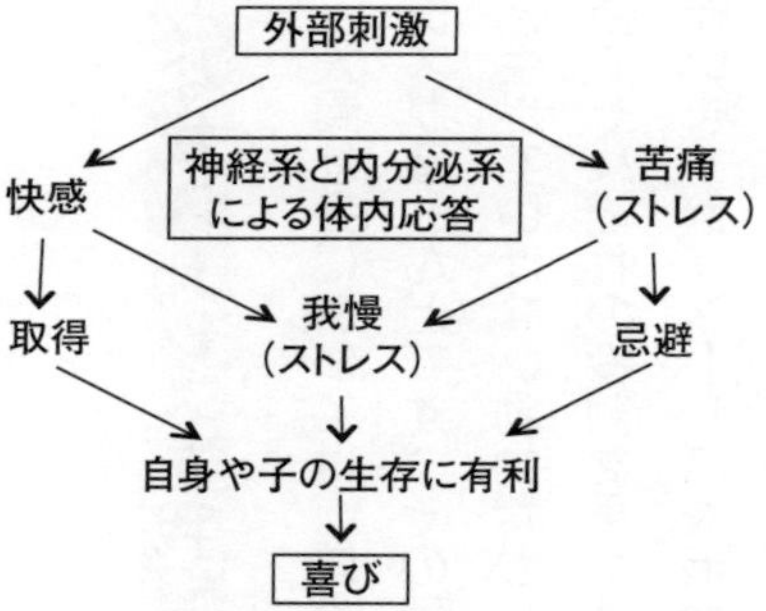

図1 外部環境からの刺激に対する応答
外部からの刺激が快感であれば得ようとし苦痛であれば避けようとするのが基本的な応答であるが、自身あるいは子の生存に必要な場合は我慢をすることにより最終的に喜びが得られる。こうした応答を行うために神経系と内分泌系が体内環境を最適の状態にする。

また、快感を得ることも『我慢』しなければならない場合があります。それは、我慢することが自身および子の生存のために必要な場合です。そういう場合の『我慢すること』がストレスになり、我慢することの辛さが大きいほどストレスも大きくなりますが、我慢してストレスを乗り越えれば喜びが得られます（図1）。

それでは、ストレスにはどう対処すればいいのでしょうか？

私たちの身体には、ストレスを感知すると、ストレスに対処するために体内の状態を最適に整えるしくみが備わっています。そのしくみの中心となるのは、「神経系」とホルモンが作用する「内分泌系」です。

ここではストレスに対処するためにはたらく神経系と内分泌系のしくみを説明し、動物が出産や子育ての強いストレスに耐えているときの神経系と内分泌系のはたらきを紹介します。そしてこうした科学的知見を基にして、ストレスにどう対処すればよいのかを考えます。

なぜストレスを我慢するのか

人間社会においては、闘うことも逃げることもできず我慢しなければならないストレスがほとんどです。その理由は、人間が助け合う集団、すなわち社会を形成しないと生きていけない動物だからです。個々の人間が社会で生きていくには、所属する社会でそれぞれの役割を果たすことが求められます。役割を果たすためにはストレスが伴いますが、ストレスを我慢し、役割を果たすことによって社会集団に受け入れられます。そしてそのことに大きな喜びを感じます。社会で役割を果たすためには必要な知識を得るために学習をし、技術を修得するために練習をすることが必要です。学習や練習は楽しい場合もありますが、たいていの場合はしたくないと思うものです。た

とえばスポーツ競技の練習は、たいてい単調な動作の繰り返しで楽しいものではないですが、そのストレスを我慢して練習し、競技でよい成績を挙げれば周囲から賞讃されるという喜びが得られます。その喜びを得るために我慢をするわけです。もし、無人島に住んでいて自分のことに関心を持ってくれる人が誰もいなければ、苦しいことを我慢して行おうという気にはならないでしょう。つまり、人間が持つ、他人から評価されたいという欲求は、集団として生きていくために備わった自然なものなのです。

社会で仕事をすることを『食べるために働く』と言いますが、人間が社会で暮らしていくためには、ストレスを我慢して働き、社会から認められることが必要ということを意味する言葉です。ストレスを我慢しなければならないのは仕事をするという社会集団のなかだけではありません。社会で働くために必要な知識を学ぶ学校という集団のなかでも同じです。また、ストレスとは無関係に見える子どもの遊び仲間や大人の趣味仲間、飲み仲間のような小さな集団にあっても、ときにはストレスを我慢しなければならないことがあります。ストレスを我慢しなければ仲間として認められないからです。

ストレスに対応する身体のしくみ

私たちの身体では、心臓、肺、胃腸、肝臓、腎臓などの多くの組織が、血液循環、呼吸、食べものの消化・吸収、栄養分の代謝、不要物の尿への排出などの役割を担っています。そしてこれらの組織のはたらきは、脳を中心とした神経系により統合され、種々の組織から分泌されるホルモンによって調節され、体内が最適の状態に保たれています。

脳は、身体の外部からの情報（刺激）を感知して外部の状況を判断し、身体全体に張りめぐらされた神経の連絡網により、その状況に適した対応を身体全体に指示します。恐ろしい敵に襲われそうなストレスを感知したときは、刺激が神経連絡により瞬時に骨格筋に伝わり筋収縮が起こり、闘う、あるいは逃げるという行動が生じます。また、脳に感知されたストレス刺激により種々の組織の内分泌腺からホルモンが血液中に分泌され、特定の組織に作用し、その組織の機能に大きな変化をもたらし、ストレスに対応するために最適の状態にします。

神経系のしくみ

神経系とは、脳と脊髄を中枢として身体のすみずみまで張りめぐらされている神経のネットワークです。そのネットワークにより、視覚、聴覚、触覚、味覚、嗅覚といった、いわゆる感覚として感知される外部の情報だけでなく、感知されない身体の内部の情報も脳に届けられます。脳は、届けられた情報を統合し、身体の内外の状況を判断して、状況に対応するための命令を神経系を通じて末梢の組織に送ります。たとえば脳が危険と判断したときには、危険を避けるための行動を起こすように手足などの筋肉を動かすように命令を送ります。神経系のネットワークは「ニューロン」という神経細胞のつながりです。ニューロンからは他のニューロンと連絡をするためのたくさんの突起が出ており、最も太い突起を「軸索」と言います。ニューロン間の情報の連絡に使われる信号は、いわば電気信号のようなものです。ある情報の刺激がひとつのニューロンに伝わると、そのニューロンが興奮した状態になります。そしてその興奮が、信号としてニューロンの軸索や突起部の細胞膜を伝わっていき、他のニューロンに伝わります。

図2に示すように、信号を伝えるニューロンと受け取るニューロンの連絡場所を「シ

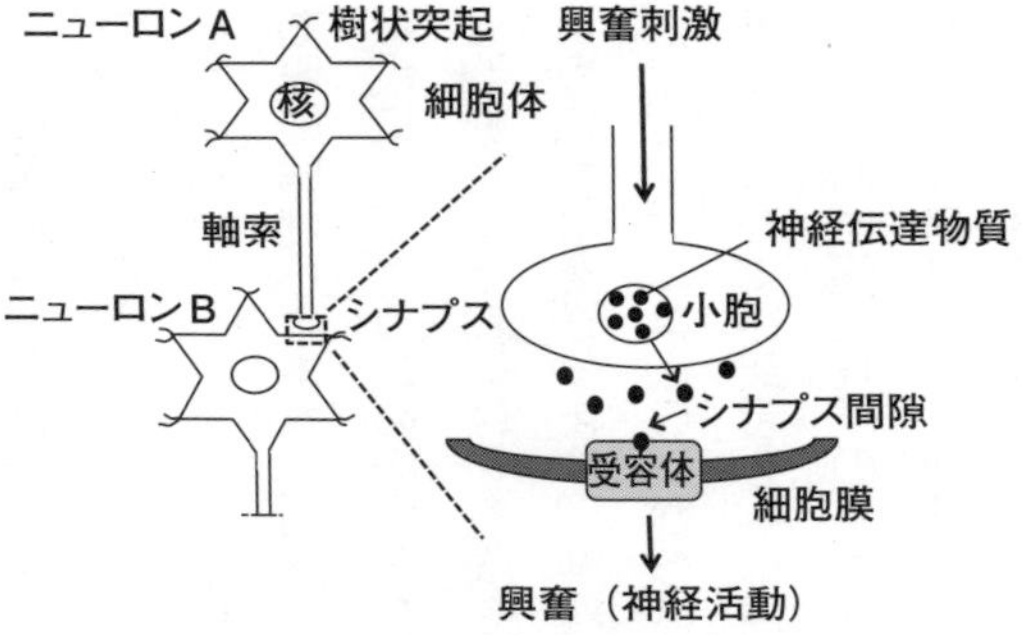

図２　ニューロン間の興奮の伝達のしくみ
刺激を感知したニューロンＡが興奮すると末端の小胞体から神経伝達物質がシナプス間隙に放出される。放出された神経伝達物質がニューロンＢの細胞膜の受容体に結合し、それが引き金となってニューロンＢが興奮し神経活動が引き起こされる。

ナプス」と言い、「シナプス間隙」というすき間が空いています。信号を伝える側のニューロンの先端（終末）部には、神経伝達物質である化学物質を貯えた小胞があります。興奮の信号がニューロンの終末に達すると、小胞のなかの神経伝達物質がシナプス間隙に放出されます。放出された神経伝達物質は、信号を受け取る側のニューロンの細胞膜に存在する受容体と結合します。するとそれが引き金となって、受け取る側のニューロンが興奮し、そのニューロンの役割に応じた神経作用が生じます。どのような神経作用が生じるかは信号を伝える側のニューロンの神経伝達物質の種類と受け取る側のニューロンの受容体の役割によって異なります。たとえば美味しいものを食べる、褒められるといった快感が得られる刺激を受けると、「ドーパミン」を神経伝達物質とするニューロン（ドーパミンニューロン）が興奮します。そしてドーパミンニューロンの終末から分泌されたドーパミンが快感を引き起こすニューロンのドーパミン受容体に伝えられることにより快感が感じられます。そしてその快感を得るために、美味しいものを食べたい、褒められたいという欲求が生じます。美味しいものを食べることによって得られる快感は、満腹感によって抑えられます。また、褒められたいという欲求を満たすためには、相応の努力をすることが必要です。しかし、抑制が効かず、努力も必要なく得られる快感もあります。それは麻薬のような薬物による快感です。

薬物による快感の刺激はクセになる

おいしい食べもののように快感が得られるものは、手に入れたいという強い欲求を引き起こします。そのために平常時には、快感を起こすニューロンがむやみに興奮しないように、別のニューロンから強い抑制の信号が常に送られています（図3）。美味し

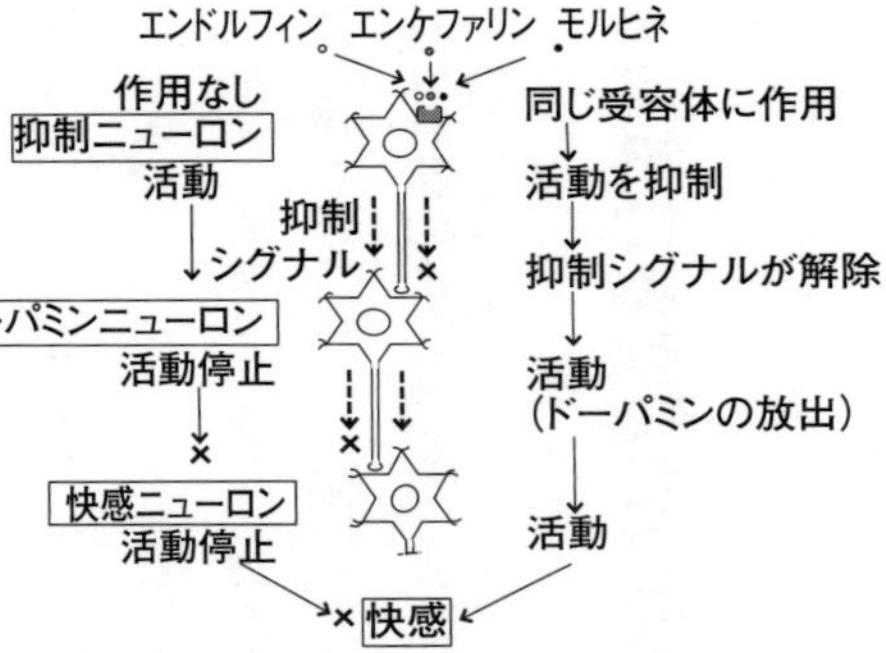

図３　ドーパミンニューロンの活動による快感のしくみ

通常ドーパミンニューロンは抑制ニューロンにより活動が抑制されている。内因性のβ−エンドルフィンや外因性のモルフィネ等が抑制ニューロンのオピオイド受容体に作用すると抑制ニューロンの活動が抑えられる。その結果ドーパミンニューロンが活動してドーパミンが放出され、ドーパミンが快感を引き起こすニューロンを活動させる。

いものといった快感を引き起こす刺激を感じると、エンドルフィンやエンケファリンといった「オピオイド」とよばれる物質が抑制の信号を送っているニューロンに作用し、ドーパミンニューロンに対する抑制を解除します。すると抑制のブレーキが外されたドーパミンニューロンが興奮し、分泌されたドーパミンにより、快感ニューロンが興奮し快感が得られます。このようにドーパミンニューロンは、体内で作られる物質により、必要なときに興奮するように調節されています。また、麻薬と言われる薬物もオピオイドと同じ抑制ニューロンに作用してドーパミンニューロンに対する抑制を解除し、快感ニューロンを興奮させます。

郵便はがき

料金受取人払郵便

中野局承認

1123

差出有効期間
平成 28 年 5 月
31 日まで

1 6 4 - 8 7 9 0

2 0 2

東京都中野区東中野 4-27-37
（株）アドスリー
編集部 行

お名前　フリガナ（　　　　　　　　　　）	ご年齢（　　　）才　男・女
ご住所（〒　　　－　　　　）	
TEL(　　　－　　　－　　　)　FAX(　　　－　　　－　　　)	
E-mail	
ご所属	

業種	□教育関係者 □医療関係者 □学生	□研究機関 □会社員 □その他（　　　）
職種	□会社役員 □教員 □学生	□会社員 □研究員 □その他（　　　）

ご購入いただき誠にありがとうございます。
お手数ですが、下記項目にご記入いただき弊社までご返送ください。

ご購入書籍名

本書を何で知りましたか？

□ 弊社図書　□ 弊社 HP　□ 雑誌およびメディア紹介　□ 広告
□ 書店　□ その他（　　　　　　　　　　　　　　　　　）

本書に関するご意見をお聞かせください。

内容　（大変良い・普通・良くない）
　　　（わかりやすい・わかりにくい）
価格　（高い・適正・安い）
レイアウト　（見やすい・普通・見づらい）
サイズ　（大きい・普通・小さい）

［具体的に　　　　　　　　　　　　　　　　　　　　　　］

上記関連書籍で良くお読みになられる書籍（雑誌）

［　　　　　　　　　　　　　　　　　　　　　　　　　　］

関心のあるジャンル（最近購入したもの・今後購入予定のもの）

［　　　　　　　　　　　　　　　　　　　　　　　　　　］

今後、具体的にどのような書籍を読みたいですか？

［　　　　　　　　　　　　　　　　　　　　　　　　　　］

弊社発行の書籍およびシンポジウムの案内を送らせていただいております。
今後、案内等を希望されない場合には下記項目にチェックをしてください。

□ 希望しない

麻薬作用を持つ薬物としては、ケシの実に含まれるモルヒネやコカの葉に含まれるコカインが古くから知られています。これらの薬物は、注射したり、たばこのように吸引することにより、簡単に体内に取り込まれ、快感が得られます。すると、快感を得たいという欲求がどんどん強くなり、麻薬の摂取がやめられなくなってしまいます。モルヒネは鎮痛作用があり、大きな怪我やがんなどの病気による強い痛みの苦痛をやわらげるための薬として使用されます。私たちの体内で作られるオピオイドは、モルヒネの作用のしくみの研究により発見されたため、脳内麻薬などと言われたりします。オピオイドは、怪我などによる痛みのストレス刺激により作られ、その作用により痛みの苦痛がやわらぎます。

酒でストレスのうさ晴らしができる人とできない人がいる

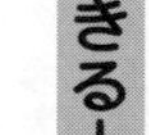

おめでたいことを祝うときのパーティなどでは、ビール、日本酒、ワインなどの酒がつきものです。これは、酒のなかのアルコールの作用により気分が高揚し、楽しくなるからです。また、逆にストレスを感じているときのうさ晴らしとしても酒がよく飲まれ

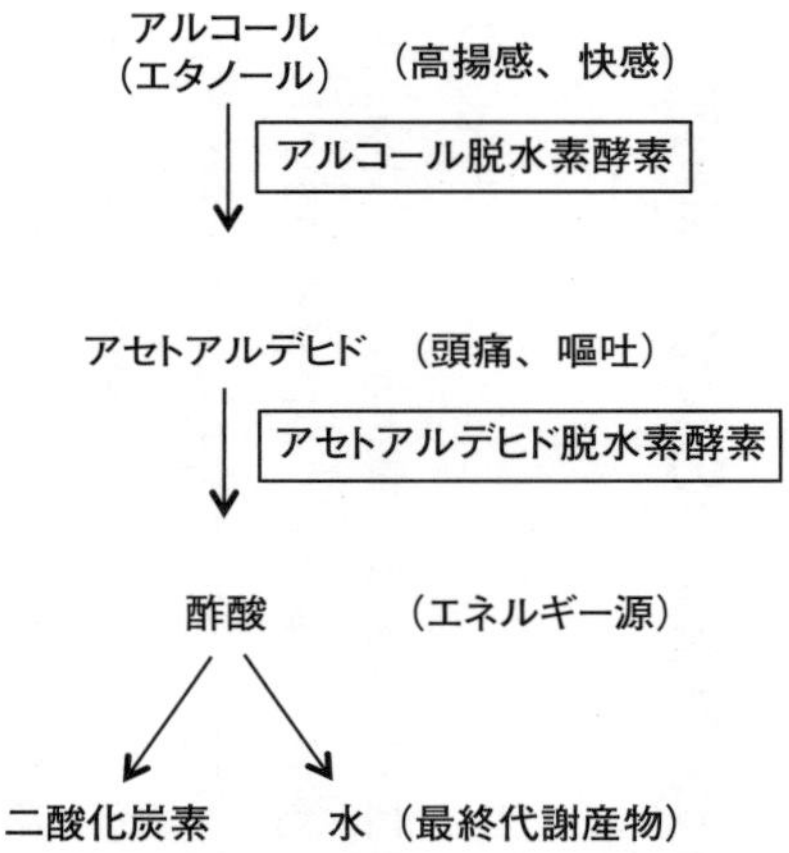

図4　アルコールの代謝経路

ます。昔から『酒は百薬の長』と言われ、健康によい飲みものとされていますが、酒を少し飲んだだけで気分が悪くなってしまう人もいます。酒に強い人と弱い人がいるのは、酒に含まれるアルコール（エタノール）を処理（代謝）する能力に差があるからです。

　酒を飲むと、エタノールは胃と小腸から吸収され肝臓で代謝されます。図4のように、エタノールは、まずアルコール脱水素酵素によりアセトアルデヒドに変えられ、ついでアセトアルデヒドがアセトアルデヒド脱水素酵素により酢酸に変えられます。酢酸はエネルギー源として利用され、最終的に二酸化炭素と水になります。

ところが、この過程で生成するアセトアルデヒドには毒性があります。酒に強い人は、アセトアルデヒド脱水素酵素のはたらきが強く、アセトアルデヒドがすぐに酢酸に変わりますが、酒に弱い人はこの酵素のはたらきが弱いため、アセトアルデヒドの血中濃度が高くなり頭痛や吐き気が生じます。ですから、酒の弱い人が無理やり酒を勧められるのは拷問にかけられるようなものなのです。アセトアルデヒド脱水素酵素のはたらきの強さは、その遺伝子のタイプによって決まっています。したがって、酒の弱い人が強くなるには遺伝子の強いタイプに生まれ変わらないかぎり無理なのです。

遺伝子が酒に強いタイプだからといって、どれだけ多く飲んでもかまわないというわけではありません。過度の飲酒を続けると肝臓がダメージを受けて肝硬変となり、ひいては肝臓がんになってしまうリスクがあります。また、アルコールの脳への作用には先に紹介したオピオイドと似た作用があるため、習慣的な飲酒は依存症になる危険もあります。酒に弱い人は依存症になるほど酒を飲む気にはならないので、アルコール依存症になりやすいのは酒に強い人です。

日本人や中国人にはアルコールに弱いタイプの人が多く、欧米人にはアルコールに強いタイプの遺伝子を持つ人が多いのですが、日本や中国では酒の席で他人に酒を勧める風習があり、欧米ではそのような風習がないのは皮肉なことです。しかし、アルコール依存症へのなりやすさからすれば、欧米で他人に酒を勧める風習がないのはよいことかもしれません。

ホルモンがはたらく内分泌系のしくみ

私たちの身体の機能は、神経系だけではなく、ホルモンがはたらく内分泌系によっても調節されています。ホルモンは、脳だけではなく図5のように、種々の組織の特定の細胞で合成され、血液中に分泌されます。血液は、すべての細胞に行き渡りますが、ホルモンの作用を受けるのは、そのホルモンに対する受容体を持っている細胞だけです。ホルモンには多くの種類がありますが、水に溶けやすい「親水性ホルモン」か、水に溶けにくい「疎水性ホルモン」かで作用のしくみが異なります。ホルモンが作用する細胞を覆っている細胞膜は、疎水性の脂質でできているため、親水性のホルモンである「アドレナリン」や「プロラクチン」は細胞膜を通り抜けることができません。そのため、親水性ホルモンの受容体は細胞膜を貫通した状態で存在しており、血液中のホルモンは受容体の細胞の外側

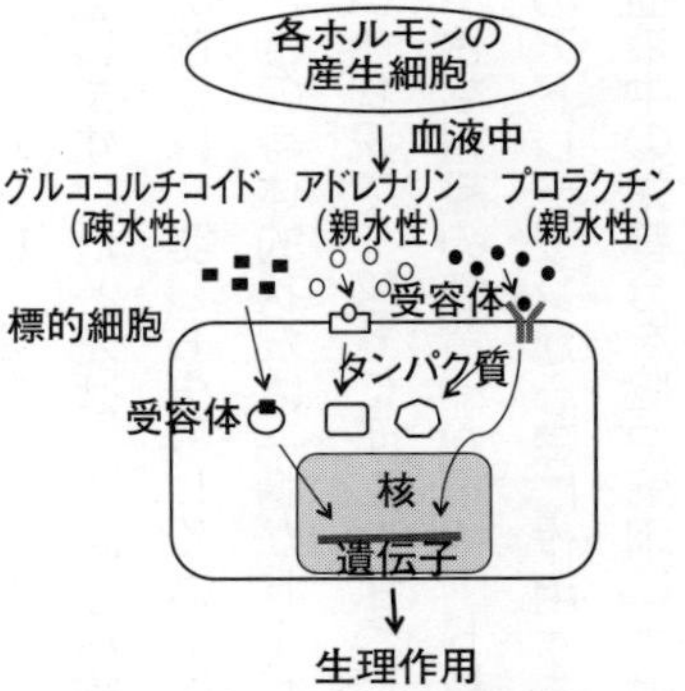

図5　ホルモンの作用するしくみ
組織の特定の細胞で合成されたホルモンが血液中に分泌されて全身をめぐり、標的細胞の細胞膜あるいは細胞内の受容体に作用し、受容体からのシグナルにより細胞内のタンパク質および遺伝子が活性化されて生理作用を発揮する。

に突き出た部分に結合します。親水性ホルモンをテレビ局から発信された電波にたとえると、受容体はその電波を捉えるアンテナのようなものです。受容体はすべてタンパク質でできており、ホルモンが結合するとその信号により、細胞内の特定のタンパク質や遺伝子が活性化されて細胞が機能を発揮します。一方、ステロイドホルモンの「グルココルチコイド」は疎水性であるため、同じ疎水性の細胞膜を通り抜けることができます。そのため、ステロイドホルモンの受容体は細胞のなかに存在し、ホルモンが受容体に結合するとそれが引き金になって核内の特定の遺伝子が活性化され細胞が機能を発揮します。

ストレスに応答するホルモン

1　アドレナリン

ストレスは、嫌なことに直面したときだけではなく、悪い事態が予想されるときにも感じます。たとえば、日頃から練習してきたことを人前で発表する、いわゆる『本番』の前には、誰しも失敗してはいけないというプレッシャーから緊張するものです。そのときの身体的状況は「胸がドキドキする」と表現されます。これは心臓の拍動が増している状況で、図6に示したように、脳からの神経連絡により腎臓の上にある副腎という小さな組織の髄質部から「アドレナリン」というホルモンが血液中に分泌されます。このアドレナリンが心臓に作用することにより心拍数が増加します。これは本番に備え、血液中の栄養分を脳や筋肉に十分に送り届けるための体内の素早い応答です。アドレナリンには、肝臓や筋肉に蓄えられている「グリコーゲン」を「グルコース」に分解して血液中のグルコース濃度すなわち血糖値を高める作用もあります。血液中のグルコースは、種々の組織でエネルギー源として利用されます。また、アドレナリンは消化管に作用すると、血管を収縮させ血流を悪くします。そうすると、消化管のはたらきは抑えられ、

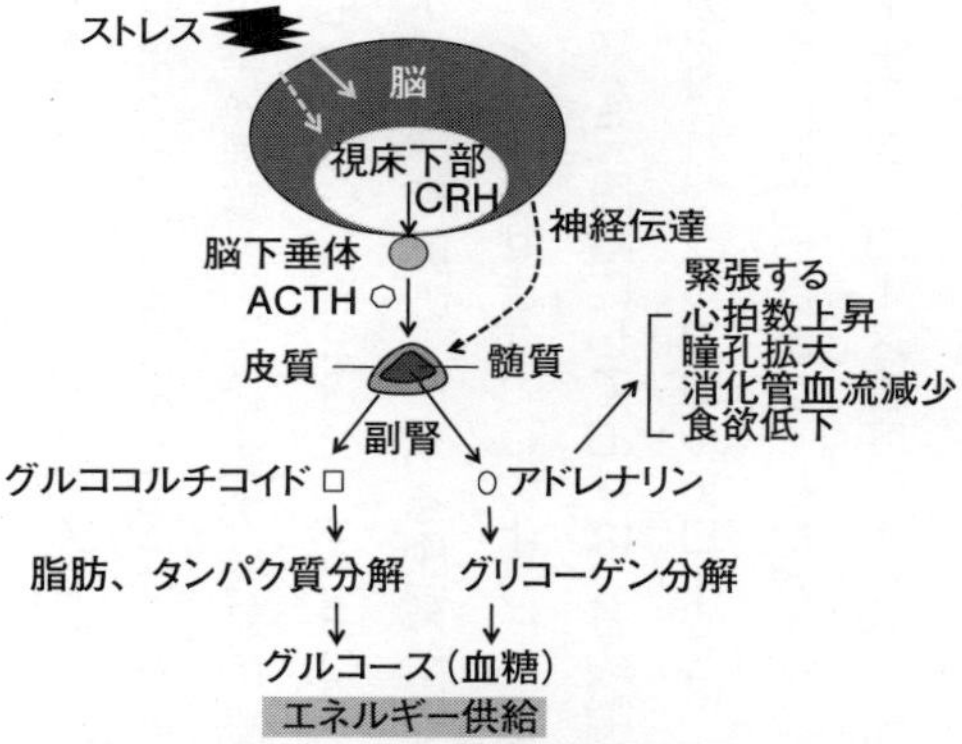

図6　ストレスに対する副腎の内分泌応答
CRH: コルチコトロピン放出ホルモン
ACTH: 副腎皮質刺激ホルモン

食欲もなくなります。食べものを食べると、消化管で消化するために多量のエネルギーを消費するので、大事な本番のときに余計なエネルギーを消費しないために食欲が抑えられるのです。したがって、いざという大事なときにドキドキしたり食欲がなくなるのを悪い信号と考えず、ホルモンにより力を最大限に発揮するための準備が身体にできているという、よい信号と考えればいいのです。

2　グルココルチコイド

「グルココルチコイド」は、副腎の皮質部から分泌されるステロイドホルモンの一種で、炎症を抑制する作用があり、抗炎症薬として用いられます。グルココルチコイドもストレスに応答して分泌されますが、命令系統が図6のように三段階になっています。まず、脳にストレスが感知されると、その刺激が神経連絡により脳の奥まったところの「視床下部」の神経細胞に伝えられます。するとその神経細胞から「コルチコトロピン放出ホルモン」(Corticotropin releasing hormone：CRH)が分泌されます。CRHは、視床下部の真下にある脳下垂体前葉という組織の特定の細胞に作用し、その細胞から副腎皮質刺激ホルモン(Adrenocorticotropic hormone：ACTH)を分泌させます。そして分泌されたACTHは、腎臓の上にある副腎という小さな組織の皮質部に作用し、グルココルチコイドを分泌させます。このように、最終的にグルココルチコイドが分泌されるまでの命令系統を三段階にしておけば、各段階で状況に応じた分泌量の調節を行うことができます。分泌されたグルココルチコイドは、脂肪やタンパク質を分解してグルコースを合成するようにはたらきます。したがって、グルココルチコイドもアドレナリンと同じように血液中のグルコース濃度、すなわち血糖値を増加させ、ストレスに対処するためのエネルギー源の確保にはたらくホルモンです。

動物は食糧がなければ生きていけませんから、飢餓は生存にかかわる非常に大きなストレスです。一時期の飢餓の状態に備えて、体内にはグリコーゲンと脂肪がエネルギー源として蓄えられています。飢餓状態においては、まずグリコーゲンがエネルギー源として使われます。これはグリコーゲンのほうが脂肪よりもエネルギー源として使いやすいからです。ではなぜ、脂肪もエネルギー源として貯蔵されているのでしょうか？　それは脂肪のほうがグリコーゲンよりも重量が軽いため、非常用のエネルギー源として長期間貯蔵しておくのに適しているからです。脂肪を乾いた綿にたとえると、グリコーゲンは水を含んだ綿のようなもので、同じ量の綿でも重さが大きく異なります。

グリコーゲンや脂肪は、エネルギー源として貯蔵されているものなので、エネルギーが必要なときに分解されるのは当然ですが、グルココルチコイドがタンパク質までも分解してしまうのはなぜでしょうか？　タンパク質は分解されてアミノ酸になりますが、アミノ酸は直接エネルギー源として利用されるほか、糖新生という経路によりグルコースの合成にも利用されます。そこでエネルギー供給の必要性が高まったときには、タンパク質も分解されてアミノ酸がエネルギー源として使われます。ですから、海や山で遭難したり、干ばつなどにより食糧が得られず長期間飢餓にさらされたときには、身体の筋肉までエネルギー源として消費され、痩せ細ったからだつきになります。また、体内の組織のなかで最も血液中のグルコースを必要とするのは脳であり、血糖値が低下したときには真っ先に脳が影響を受けます。したがって、常に血糖値を一定レベル以上に保つ必要があり、ストレスに応答して分泌が多くなるアドレナリンとグルココルチコイドがグルコースの供給にはたらくのは重要なしくみです。

3 プロラクチン

「プロラクチン」は、脳の直下に存在する「脳下垂体」という小さな組織で作られるホルモンです。プロラクチンの作用としては、哺乳動物の乳腺を発達させ母乳を産生する作用が知られています。したがって、プロラクチンが最も盛んに分泌されるのは、母親が子に母乳を与えている授乳期です。このとき、プロラクチンは脳にも作用して、母親が子をかわいがる気持ち（母性愛）を強くします[1]。乳腺に作用して母乳を作らせるプロラクチンが脳にも作用して、子どもをかわいがる気持ちを強くするのは、とても合理的なしくみです。また、プロラクチンの分泌はストレスに応答して増加します。そしてプロラクチンが脳に作用するとストレスに対して我慢強くなります（図7）。

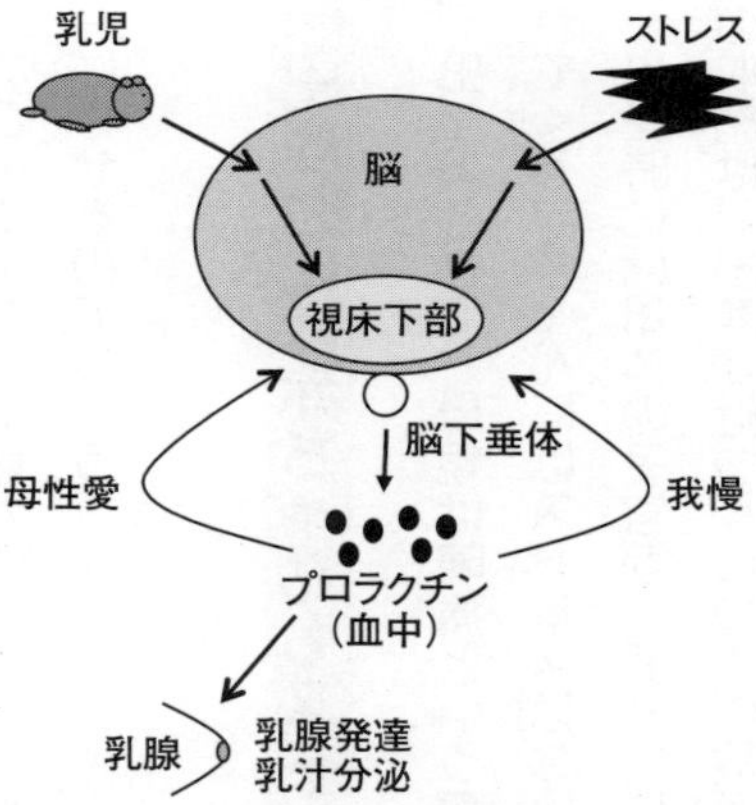

図7　子育てとストレスに対するプロラクチンの作用

子を産む喜びは産みの苦しみより大きい

陣痛という出産時の痛みは『産みの苦しみ』と言われるほど強いものですが、このときに、先に述べた鎮痛作用を有する「β-エンドルフィン」や「エンケファリン」といったオピオイドが多く分泌されて痛みを和らげているはずです。しかし、それでも陣痛がなくなるわけではありません。β-エンドルフィンやエンケファリンは体内で作られるため、体外から投与されるモルヒネとは異なり、必要なときに必要なだけ分泌されるように調節されています。したがって、身体のしくみとして、出産時には陣痛が生じるようになっているのです。出産時には、プロラクチンも多量に分泌されています。プロラクチンは、母乳の産生を盛んにするとともに、産まれた赤ちゃんをいとしいと思う気持ちを強くさせます。ですから、産み終えた赤ちゃんを抱きかかえたときの母親は大きな幸福感に満たされます。そしてこの大きな幸福感が陣痛のストレスに打ち勝ち、また子どもを産みたいという気持ちにさせるのでしょう。

出産時には赤ちゃんもストレスに耐える

出産のときに、母親は陣痛という痛みのストレスに耐えなければなりませんが、産まれてくる赤ちゃんにはストレスはないのでしょうか?

出産時には母体の子宮が、断続的に収縮し赤ちゃんを押し出そうとします。この子宮の収縮は、出産が近づくにつれ間隔が短く強くなります。したがって、赤ちゃんは強い圧迫ストレスを受けており、分娩時間が長いほどストレスは大きいと思われます。このことを調べるため、私たちはある病院の妊産婦さんたちの協力を得て、通常の自然分娩における分娩時間の長さと赤ちゃんが感じるストレスの強さを調べてみました[2]。ストレスの強さを測定する方法はいくつかありますが、一般的によく用いられるのは、ストレスに応答して分泌されるグルココルチコイド（コルチゾール）の血中濃度を測定する方法です。赤ちゃんの血液は、出産後の臍の緒の臍帯血を採取すれば、母親にも赤ちゃんにも苦痛を与えることなく血液を得ることができます。臍帯血は、赤ちゃんの身体のなかを循環してきている血液ですから、そのコルチゾール濃度から赤ちゃんの感じたストレスの大きさを推しはかることができます。測定の結果、予想通り分娩時間の長さと臍帯血中のコルチゾール濃度には正の相関関係が認められました。すなわち、出産時には母親だけでなく赤ちゃんもストレスに耐えているわけです。

親はストレスに立ち向かい子を守る

哺乳動物の身体のしくみを調べるために、ラットというネズミがよく用いられています（図8）。ラットは、野ネズミとは違ってとてもおとなしく、一度に10匹前後の子を産み、子は8週間ほどで性成熟するため、繁殖が容易な実験動物です。私の研究室でも飼育しているラットへの餌や水の補給、飼育ケージの床敷の交換や掃除は動物好きの学生が行

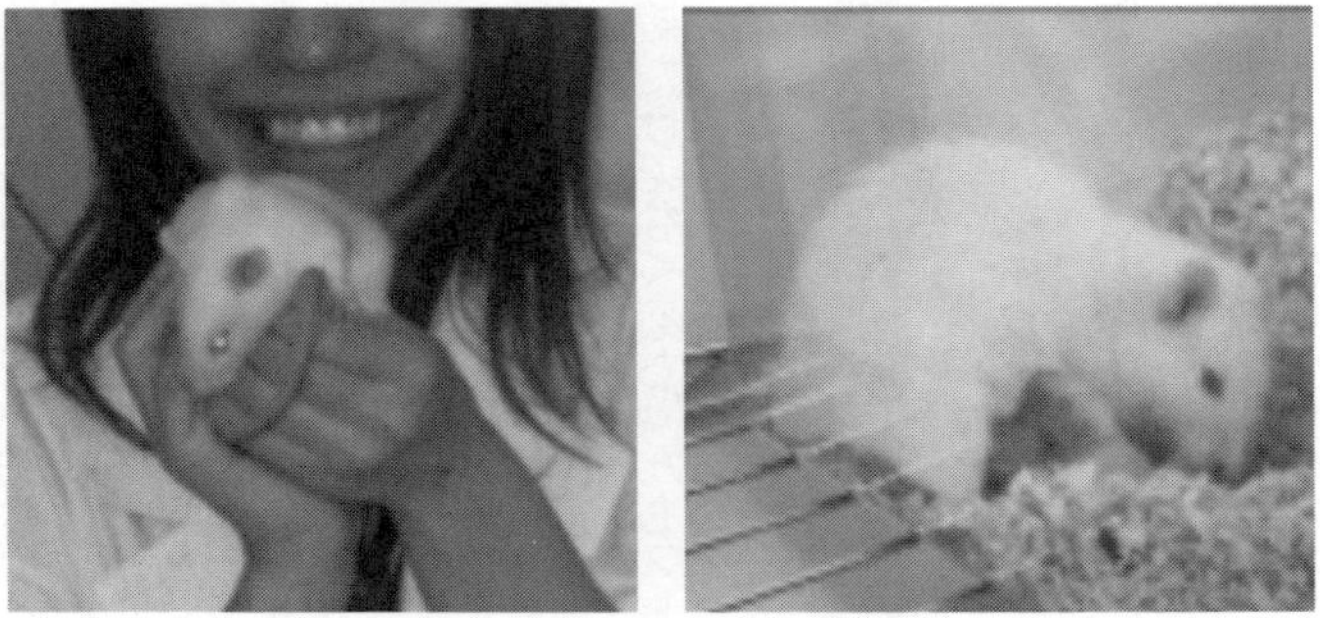

図8　ラットとその子育て

ってくれていましたが、ラットの扱いに慣れているはずの学生がときどき手を咬まれてしまうことがありました。

手を咬まれるということが起きてしまうのは、母親が一緒にいるケージから床敷きを新しいものに交換するために子を手にとって移そうとしたときです。普段は手でつかんで持ち上げたりしても咬んだりはしませんが、子育て中の母親ラットの場合は子を守ろうとする気持ちが強くなっているため、子を奪おうとする人の手を咬んでしまうのです。『母は強し』と言われるように、母親は子に危険が迫ったときには、自身の危険を顧みず子を守ろうとします。野生の熊も子ども連れの母親はとくに危険だと言われます。もちろん子を守ろうとするのは母親だけでなく父親も同様です。親が子をいとしく思い、守ろうとするのは子孫を残すために必要なことであり、子を守ろうとする思いは、自分自身の生命を危うくするようなストレスに打ち勝つほど強いものです。

親は子育てをストレスとは感じない

哺乳類の親は子を産むとミルクを与え育てます。また、鳥類は卵を産むと孵化するまで抱いて温め、孵化後は餌を与えて育てます。子育てをしている間、親は昼夜を問わず子に気を配らなければなりませんが、親はこうした子育てを強制されるわけではなく自ずと行います。鳥類の親が卵を抱いて孵化させるには飢餓という大きなストレスに耐えなければなりません。たとえば、ニワトリの卵が孵化するには約20日間かかりますが、親のニワトリはその間ずっと巣のなかの卵の上に座って温め続けます。巣を離れるのは、たまに餌を食べたり水を飲みにいくときだけです。ですから、抱卵を終えたときのニワトリの親はかなり体重が減っています。餌があるにもかかわらず体重が減るほどの飢餓に耐えるというのは通常の状態ではあり得ないことですが、抱卵中のニワトリはそうし

た飢餓状態をストレスとは感じていないように見えます。

ある内分泌学の教科書にはニワトリが両脇の羽の下に子ネコを抱え込んでいる写真が載っています。ニワトリにとってネコは恐ろしい敵ですから通常はこのような状況は起こり得ませんが、抱卵中のニワトリは卵の代わりに子ネコでも抱いてしまいます。卵を抱いている時期のニワトリの血液中には、哺乳類の子育てに必要なホルモンであるプロラクチンが通常の20倍ほど分泌されていますが、このプロラクチンの作用を阻害する物質を血液中に注入すると、ニワトリの親はすぐに卵を抱くのをやめてしまいます。鳥類は、哺乳類のように母乳を分泌することはありませんが、プロラクチンが脳に作用して卵を抱きたいという気持ちを強くさせるのです。プロラクチンは鳥類においても、子孫を得るための子育てに必須のはたらきをするホルモンです。

『イクメン』ペンギンは過酷な飢餓ストレスに耐える

最近、「イクメン』とよばれる子育てに熱心な父親が注目され、社会的にも父親の育児休暇が認められるようになってきています。動物のなかにも父親が子育てをする例が

ありますが、南極に住む皇帝ペンギンの父親の子育てはとても過酷な状況で行われます。皇帝ペンギンは、南極の冬の始まりの4月頃に海辺から遠く離れたところに集団で歩いて行き、コロニーとよばれる集団を作り、5~8月の厳冬の時期に氷の上で卵を温めます。ペンギンは水中では素早く泳げますが、陸に上がるとよちよち歩きしかできません。海辺では餌は豊富ですが、ヒョウアザラシやトウゾクカモメなどの外敵もたくさんいます。そこで、外敵のいない厳冬の時期を選んで子育てをします。氷の上なので巣ではなく両足の上に卵を載せて、だぶついた腹部の皮膚をかぶせて、立ったままで卵を温めます。

皇帝ペンギンの場合、卵を温めるのはメスではなくオスです。メスは卵を産むとパートナーのオスに卵を預けて、餌を求めて海に行ってしまいます。残されたオスは厳冬の氷の上で集団でからだを寄せあいながら約60日間、食べるものは雪か氷しかないという絶食状態のストレスに耐えて卵を温めます。しかし、いやいや卵を温めているわけではなく、卵を落としてしまったオスはほかのオスが温めている卵を奪いにいくそうです。それほど卵を抱いていたいという気持ちが強くなっているわけです。

この時期の皇帝ペンギンのオスの血液中のプロラクチン濃度を調べた報告はありませ

んが、私たちが哺乳類のラットで行った実験で、オスラットでも子育て行動をしているときには血中のプロラクチン濃度が増加していたので[3]、皇帝ペンギンでも増加しているのではないかと考えられます。いずれにしても子育てをしている動物の親は飢餓をもストレスと感じないのです。これは、飢餓というストレスよりも子孫を残したいという本能的な欲求のほうが強いためと考えられます。ちなみに海に行ってしまった皇帝ペンギンのメスは、ちょうど卵が孵化する頃に戻ってきて、胃のなかの餌を吐き出して孵化したヒナに与えます。

ストレスによりネズミも胃潰瘍になる

野球の試合などで勝敗の行方がわからずハラハラするようなときに、よく『胃が痛くなる』と言います。食べものが胃に入るとその刺激により胃から「ペプシン」というタンパク質消化酵素とペプシンがはたらくために必要な「胃酸（塩酸）」が分泌されます。また、同時に粘液も分泌され、ペプシンや胃酸の作用により胃粘膜が傷つくのを防いでいます。ストレスにより強い緊張状態が長く続くと、副交感神経線維を含む迷走神経や

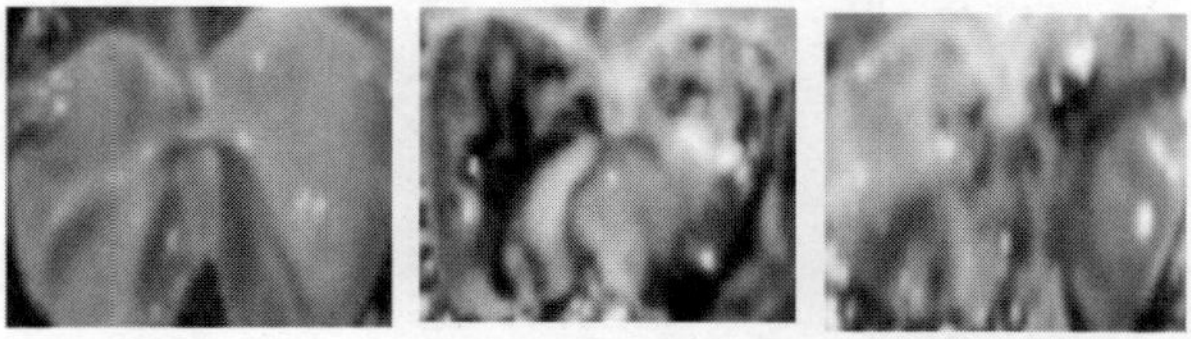

図9　ラットのストレス性胃潰瘍に対するプロラクチンの効果
A：通常ラット、　B：ストレス負荷ラット
C：プロラクチン投与ストレス負荷ラット

交感神経のはたらきが乱れ、胃粘膜の血流が悪くなります。また、胃酸やペプシンの分泌の調節が乱れて空腹時でも分泌され、胃粘膜が傷つけられてしまいます。そのため胃が痛くなり、胃粘膜がさらに傷つけられると胃潰瘍となります。

プロラクチンの血液中の濃度は、ストレスの負荷により増加することが知られていますが、ラットを用いた実験で、プロラクチンによりストレス性胃潰瘍の発症が軽減することがわかっています[4]。ラットを保定して、ぬるま湯のなかに胸まで入れます。人間であれば、お風呂に入っているような状態ですが、ラットにとっては強いストレスが負荷されている状態なので、数時間経つと胃潰瘍を発症します。ところが、ストレスを負荷する以前にプロラクチンを投与しておくと同じストレスを負荷しても胃潰瘍の程度が軽くなります（図9）。しかし、ストレス性胃潰瘍の予防や治療にプロラクチンが使用されることはありません。プロラクチンには多様な生理作用があり、副作用のリスクが大きいからです。

母の子への愛情は次世代に伝わる

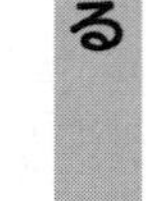

幼少期に味わった母親の手料理の味のことを『おふくろの味』と言います。これは単に懐かしいというだけではなく、大人になっても『おふくろの味』を美味しく感じるということを意味します。つまり、幼少期に食べた母親の料理の味つけが大人になっても美味しい味として記憶されているわけです。ラットを用いた実験で、幼少期に母親からかわいがられて育った場合は、母親になったときに自分の子をかわいがり、かわいがられずに育った場合は自分の子をあまりかわいがらないという結果が発表されました[5]。そして驚いたことに、幼少期の母親によるかわいがられ方が、子の脳におけるグルココルチコイド受容体の遺伝子のはたらきに影響を与え、このような結果となることが明ら

かにされました。脳におけるグルココルチコイド受容体は、ストレスに応答して分泌されるグルココルチコイドの受容体であり、その遺伝子のはたらきはストレスに対する抵抗性と関係しています。母親が子をかわいがれば、脳におけるグルココルチコイド受容体の遺伝子のはたらきがよくなり、子育てのストレスに打ち勝って子をかわいがり育てます。通常、遺伝子は環境に関係なく親から子に受け継がれていくものですが、最近になって、遺伝子のなかにはそのはたらきが幼少期の環境の影響を受け、それが世代を超えて受け継がれていく場合もあることがわかってきています。『三つ子の魂百まで』ということわざのように、幼少期の環境が大人になったときのストレス応答のような脳のはたらきに影響を与えるのです。

妊娠期の母親の過度のダイエットが子を肥満にする

女性は妊娠をすると、自分だけでなく赤ちゃんにも栄養を与えるため、食べものをたくさん食べるようになり、体つきがふくよかになってきます。また、おなかのなかで赤ちゃんが育っていくためおなかが出てきます。これはごく自然なことですが、最近、妊娠中であっても太るのが嫌なため、栄養不足状態になるほどダイエットをしてしまう事例が増えてきて問題になっています。妊娠中の母親が栄養不足になると当然おなかの胎児も栄養不足になりますが、産まれてきた赤ちゃんは成長後肥満になってしまう傾向のあることがわかってきています。胎児期に母親が栄養不足になると、食欲を抑えるはたらきのある「レプチン」というホルモンの分泌の調節がうまくいかなくなり、脳の食欲抑制機能も正常にはたらかなくなります。産まれた後の赤ちゃんは母乳や食べものを十分に摂れる状態になり、通常であればレプチンの作用により食べすぎないように食欲が抑えられるのですが、胎児期に母親から十分栄養をもらえなかった赤ちゃんはレプチンがうまく機能しないため、食欲を抑えることができず肥満になりやすいのです。レプチンは脂肪細胞から分泌されるホルモンで、栄養が十分で食べものを摂る必要のないときに脳に食欲を抑えるように情報を伝えます。こうした合理的にできている身体のしくみを胎児期の栄養不足という異常なストレスが壊してしまうのです。

ストレスのない人生はつまらない

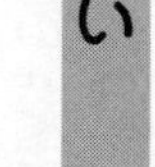

これまで、ストレスのよくない作用ばかりを述べてきました。たしかに、嫌だと感じるものをストレスと言うわけですが、私たちが生きていく過程においては、多かれ少なかれストレスがつきものです。病気のような内的ストレスもありますが、社会という外部から受けるストレスがほとんどです。社会からのストレスは社会で役割を果たし金銭的報酬を得ようとすることで生じます。それでは金銭的に恵まれていて、社会において何も役割を果たす必要がなく、一生遊んで生きていければ幸せでしょうか？ そういう生活を幸せと感じる人もいるかもしれませんが、多くの人は社会でなんらかの役割を果たすために努力をし、社会から認められることを生き甲斐と感じるはずです。ストレスが何もない生活には生き甲斐を感じることができず、ストレスのないことがストレスになってしまいます。

社会で役割を果たすということは、仕事をして金銭的収入を得るということだけではありません。家庭というのも社会の基本単位のひとつです。したがって、生活の基盤である家庭を守るために家族の世話をすることも、社会での役割です。とくに子を育てるということは、家庭はもとより社会にとって重要な役割であり、その役割を果たすことによって大きな幸福感が得られます。子育てにより得られる幸福感は人にかぎらず、子育てをしなければ子孫を残すことができない動物に共通のものです。子どもが欲しいという願望は子孫を残すために必須の願望であり、その願望を失えばその動物種は絶えてしまいます。子どもが欲しいという強い願望があることにより子孫を残すことができるわけです。願望の対象となるのは基本的に個の生存に必要なものと子孫を残すために必要なものであり、それを得ることにより喜びが得られるものです。

ストレスとどうつきあうか

社会で役割を果たそうとするとストレスがつきまといます。では、ストレスとどうつきあっていけばよいのでしょうか?

これまで述べてきたように、ストレスを感知すると、私たちの体内は神経系と内分泌系によってストレスに対処するための最善の状態に整えられます。また、出産時の陣痛やマラソン競技のように身体的に大きな苦痛の伴うストレスにも耐える力が備わっています。一方、他人にとっては些細なストレスに思えても、当人にとっては精神的につらいストレスであり、胃潰瘍を発症したり、ひどい場合には心を病んでうつ状態になってしまうこともあります。

ストレスにはみかけの苦痛の大きさとは関係なく、我慢できるストレスとできないストレスがあります。我慢できるストレスは期間がかぎられているということ、そしてその間のストレスを我慢すればその後に喜びが得られるような場合でしょう。逆に、いつまで続くかわからず、喜びが得られる希望が持てないストレスは我慢をすることが困難です。

動物の場合はストレスが我慢できなければ、ストレスのある環境から逃げてしまいます。先に皇帝ペンギンのオスが厳寒のなかでの飢餓に耐え、メスが戻ってくるまで卵を温め続けるということを紹介しましたが、メスの戻ってくるのが遅くなり自身が餓死しそうになった場合にはさすがに卵を温めることを放棄してしまうそうです。人間社会では環境を変えることはそう簡単ではありません。そのため、友人との楽しい会話やスポーツや趣味などでストレスを解消するのが一般的なストレス対処法です。しかし、どうしてもストレスを我慢できなければ環境を変えることが必要でしょう。

参考文献

1　斎藤徹ほか：母性をめぐる生物学、アドスリー、pp.39-72, 2012.

2　Sano Y, et al.：Journal of Pakistan Medical Association, 65: 782-784, 2015.

3　Sakaguchi K, et al.11：Neuroendocrinology, 63: 559-568, 1996.

4　田中実ほか：蛋白質・核酸・酵素、45: 346-354, 2000.

5　Liu D, et al.1：Science, 277: 1659-1662, 1997.

第3章

ストレスと精神疾患

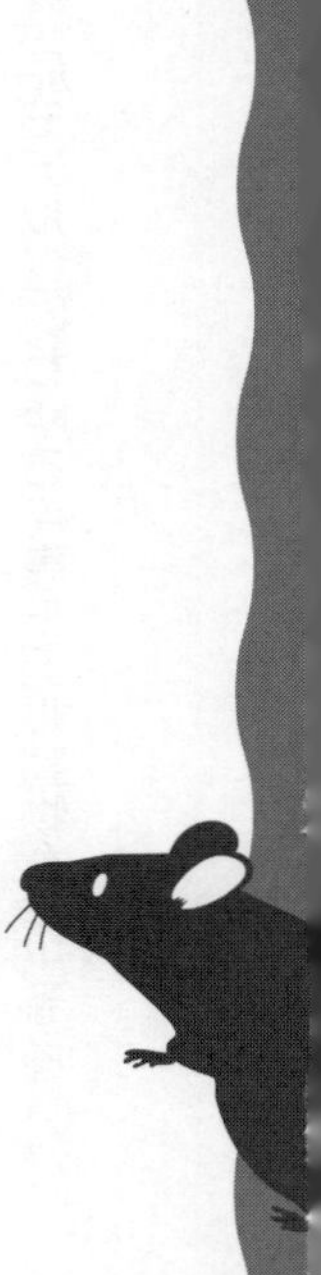

全南大学校 獣医科大学 教授
文 彰鐘

ストレスに関連する精神疾患と疾患モデル動物

ストレスは、種々の外部刺激が負担としてはたらくとき、生体に生じる機能変化のことで、心身に適度な緊張感を与える「よいストレス」と心身に悪影響を与える「悪いストレス」に区分されます。よいストレスとは、自分を成長させるための、充実感、達成感、満足感が得られるストレスですが、悪いストレスとは、つらい状況下でも「やらなくてはならない」「頑張り続けなければならない」と自分を強迫的に追い込み、自分の意思とは関係なく、過剰な行動を続けた結果、精神的に不安、うつ、ヒステリー、ノイローゼ、胃炎、消化不良のような病的な状態がもたらされるストレスです。一般的に使われているストレスという言葉は「悪いストレス」を指します。

ストレスに関連した代表的な精神疾患には、認知障害、うつ病、不安障害などがあります。これらは、いずれも過度の急性あるいは慢性ストレスによって誘発され、ヒトではさまざまな症状があらわれて、その症状が複合的に発症します。

精神疾患の発症メカニズムの解明、予防・治療法の開発などの研究には、ヒト疾患と類似した病態の過程を再現する実験的発症モデル、いわゆる疾患モデル動物を作出することはきわめて有用です。たとえば、慢性的なストレスが記憶などの認知機能や憂鬱、不安などの感情調節にいかなる影響を及ぼすか、疾患モデル動物で調べることができます。

　実験動物における慢性ストレスは、さまざまなストレス要因、たとえば狭い空間、濡れた床敷き、不規則な給餌・給水などの状況下で長期間（4～6週間）飼育することによって誘発され、認知機能障害、うつ病、不安障害などの精神疾患の発病に至ります。このように実験動物に直接、外部ストレス要因を負荷することや、ストレスの防御反応としての副腎皮質から大量に放出される糖質コルチコイドを注射することによっても精神疾患モデル動物が作出されます。

認知障害：Cognitive Impairment

「認知障害」とは、疾患名ではなく、その状態を総称する一種の症候群を意味します。「認知（高次脳機能）」とは、知覚、記憶、学習、思考、判断などの認知過程と行為の感情（情動）を含めた精神機能を総称しています。脳血管障害、脳症、脳炎などの病気や、事故（脳外傷）によって脳が損傷されたために、認知機能に障害が起きた状態を認知障

害と言います。言葉が出ない、よく知っている場所や道で迷う、古い記憶は保たれているのに新しいことが覚えられない、注意力や集中力の低下など、周囲の状況に対して適切な行動がとれなくなり、日常生活に支障をきたすようになります。つまり、知覚機能、記憶機能、注意機能、実行機能などの脳機能における障害と言えます。

現代の高齢社会では、アルツハイマー病や脳血管性認知症などの認知障害をきたす老人が多く見られるようになりました。また、ストレス性疾患による認知障害が認められており、その発症年齢層もだんだん低くなる傾向が見られています。そこで以下では、認知障害について複雑な現代社会がもたらすストレスによる記憶障害に焦点を合わせて見ることにします。

認知障害は、大脳の側頭葉、とくに「海馬」の萎縮に起因しています。海馬の委縮は、現在までの研究報告によると軽度認知障害やアルツハイマー病はもちろん、2型糖尿病、持続的なうつ病、クッシング病、心的外傷後ストレス疾患、慢性のストレス疾患などによっても引き起こされます。

このように認知障害の原因のひとつであるストレスは、「大脳辺縁系」が危機的状況と判断することから始まります。海馬は、記憶を司るとともにストレス応答に重要な部位であり、視覚、聴覚、嗅覚など（日常生活）から記憶のもととなる情報のすべてが海馬に一度集められ、最終的には「大脳皮質」で永久的に保存されます。「扁桃体」は、情動反応の処理と短期記憶において主要な役割を果たし、また海馬からの記憶情報についてもそれが快か不快か（不快感感情）の判断をし、その情報を海馬に送っています。このように海馬と扁桃体は常に情報を共有しているのです。つまり、快な感情的覚醒状態では記憶が強化され、出来事が長期的記憶として保存されますが、不快な感情的覚醒状態の過度な持続では記憶が損傷を受けることになります。

扁桃体は、外部からの感情的な状況（ストレス）を回避するために、ストレスセンサーである「視床下部室傍核」を活性化させます。視床下部室傍核が活性化すると、「副腎皮質刺激ホルモン放出ホルモンCRH」が分泌されます。CRHが下垂体前葉を刺激すると、前葉から「副腎皮質刺激ホルモンACTH」が分泌され、さらにACTHは副腎皮質から「コルチゾール」を分泌させます。これらのホルモンの分泌は、ストレスが加わったときの緊急事態に適応した反応で、とくにコルチゾールは血糖値を高めて生体にエネルギーを与えてくれます。

一方、コルチゾールは脳に悪い影響を及ぼします。コルチゾールを投与されたラット

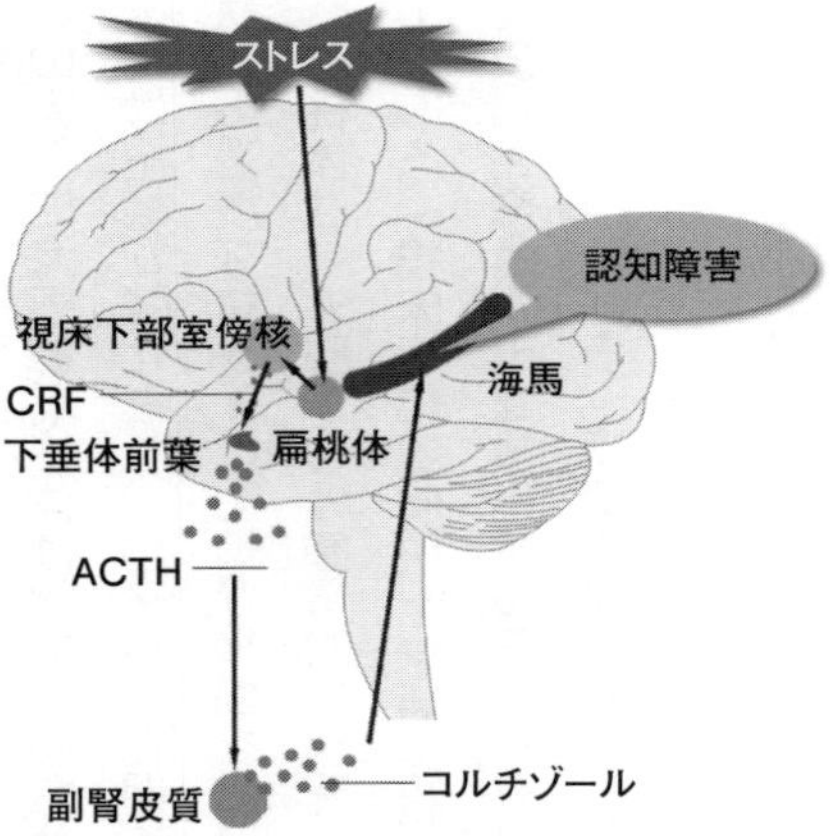

図1　ストレスによる認知機能障害の機構

の海馬において、神経細胞の変性や委縮が見られています（図1）。ストレス負荷が海馬における神経新生を阻害することで、海馬機能に変化を与え、記憶、学習能力や情動制御に影響を及ぼすことがわかっています。

ヒトは、短期的にでも過度のストレスが加わると脳のはたらきが抑えられます。それが長期にわたりストレスを強く感じると、ものを覚えたり思い出したりする能力が低下し、脳細胞にも障害を起こし、認知症を発症させてしまう可能性も出てきます。

動物に見る認知障害

実験動物における記憶力の測定可能な神経行動学的パラダイムについて見てみましょう。

海馬依存性記憶力の測定には、「モリス水迷路」「物体認識記憶」「受動回避」「文脈的恐怖条件付」などがあります。

1 モリス水迷路：Morris Water Maze

モリス水迷路は学習および記憶能力を研究するためのツールです。ゲッ歯目は泳ぐことはできますが、より陸地を好みます。水から逃避するためのプラットフォームを設置し、動物にその場所を記憶させます。訓練後、プラットフォームを水面から見えないように（粉ミルクや毒性のないペンキを水に添加）設置して動物に探索させます。

記憶を定量化するためにプールの領域を4分割し、プラットフォーム周辺を動物が探索するかを評価します（図2）。訓練終了後、24時間以降でも動物が正しい位置を探索することができれば、長期記憶が形成されたことを示します。

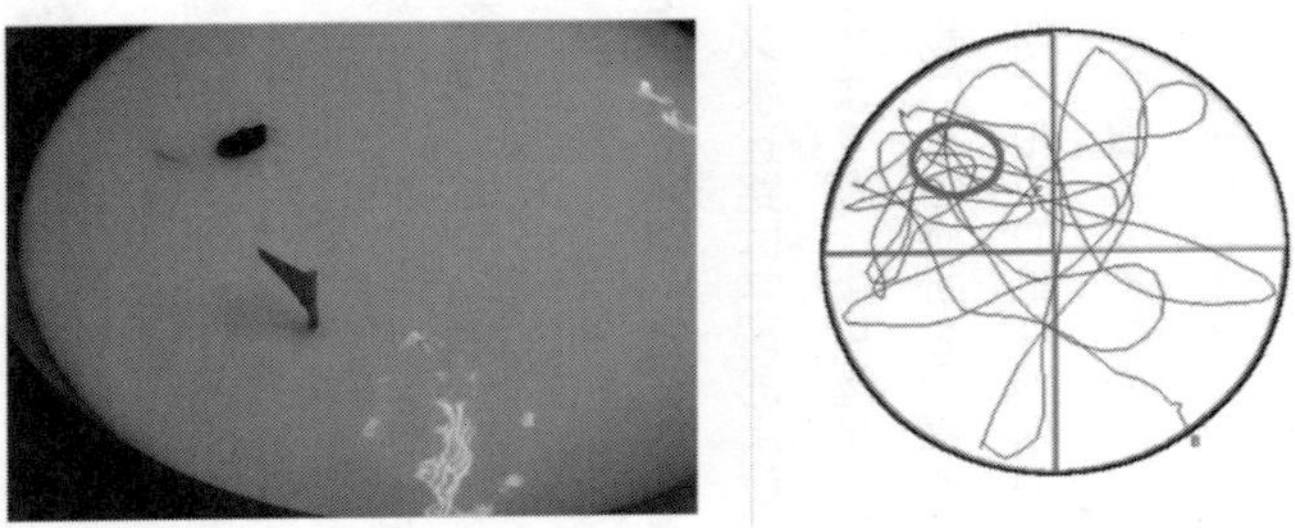

図2　モリス水迷路

左：マウスのプラットフォームの探索訓練、右：マウスの軌跡

Songらは、慢性ストレス負荷マウスでは、対照群（ストレスを受けていない動物）に比べてプラットフォームを見つけ出す時間（探索時間）の延長と、また血中コルチゾールの増加、海馬における神経細胞の新生、活性および脳由来神経栄養因子（BDNF）の低下を認めています[1]。

2　物体認識記憶：Object Recognition Memory Test

マウス、ラットは試験ボックス内に新規物体があると物体に対する探索行動が見られます。その物体を認識することにより、新奇性が低下すれば物体に対する探索行動も低下します。2個の物体をボックス内に

図3　物体認識記憶（マウスの物体に対する探索行動）

置き探索行動をさせた後、1個の物体を新規のものに替えて探索行動をさせると、記憶により旧知物体に対する探索行動が新規物体に対するものより低下していることが観察されます。

具体的に、2個の同じ物体をボックス内に離して置き、マウスをボックスに入れてそれぞれの物体への探索行動（物体の臭いを嗅ぐ、触れる）の時間を測定します（図3）。その後、マウスをボックスから飼育ケージに戻します。一定時間（1～24時間）後、1個の物体を形状の異なる新規の物体に替え、マウスをボックスに入れ、物体に対する探索時間の測定を行います。2物体へのマウスの探索行動の合計時間に対する新規物体への探索行動時間の割合が50パーセント以上であれば、記憶として形成されたことを示します。

マウスは慢性ストレスの負荷により、物体認識記憶の顕著な低下を示すことが報告されています[2]。

3 受動回避：Passive Avoidance

明暗箱の暗箱の床に電気ショックがかかるワイヤーグリッドを設置します。明箱に入れられたマウスは、暗い環境を好むためやがて暗箱に進入します。その際、マウスが嫌悪する程度の電気ショックをかけます。するとマウスは慌てて明箱に戻ります。そこでマウスを飼育ケージに戻します。翌日、電気ショック機能をオフにした装置の明箱にマウスを入れます。この場合、マウスが本来好むはずの暗箱に進入しなければ、電気ショックを回避（受動回避行動）したことになります（図4）。

明箱に移動するまでの時間（潜時）を測定し、2日目の潜時が1日目のそれより十分延長していれば、学習・記憶が成立したものと判定します。

Palumboらは、近交系（BALB/c, C57BL/6）マウスに慢性ストレスを負荷させた

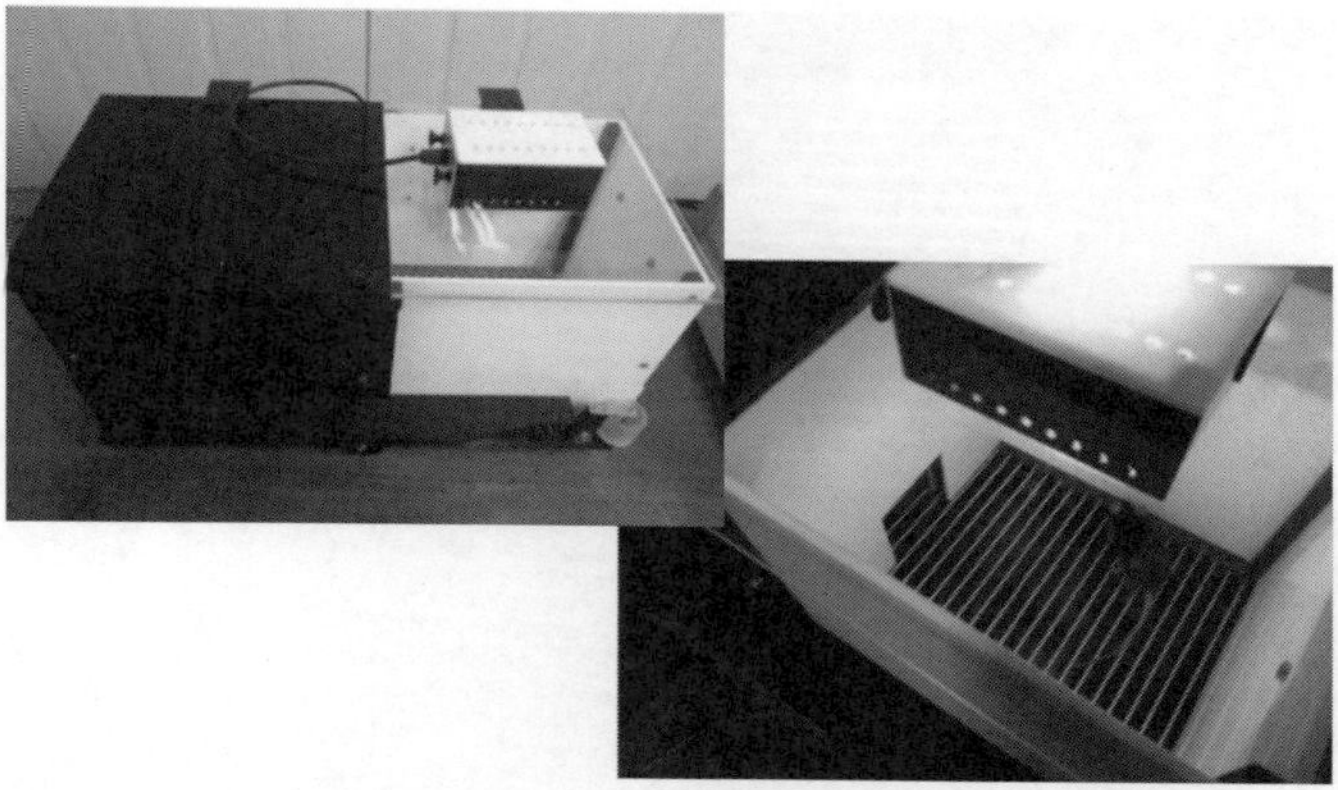

図4　受動回避

左：受動回避装置、右：マウスの回避行動

ところ、電気ショックからの回避潜時の著しい短縮を認め、認知能力の低下を示しています。また、認知能力には系統差が観察されています[3]。

4　文脈的恐怖条件付：Contextual Fear Conditioning

条件刺激の提示下でマウスやラットが逃避不可能な電撃を受けることによって、条件刺激の提示が恐怖となるもので、条件刺激と恐怖が結びついて学習・記憶が起こると考えられます。たとえば、特定のチャンバーにマウスを入れると電撃が負荷されることによりチャンバーの環境と電撃を結びつける方法を文脈的恐怖と言います。

図5　文脈的恐怖条件付（床に電撃グリドの設置）

実際に、マウスをチャンバーに閉じ込めて一定時間電撃を与えた後、飼育ケージに戻します。翌日、同じようにチャンバーにマウスを入れ、恐怖を感じているか、フリージング（freezing、まったく動かない状態）を観察します（図5）。マウスがフリージングを示したなら、学習・記憶が成立したと評価します。

Henningsenらの報告によると、慢性ストレス負荷ラットではフリージング行動を示さず、電撃誘発恐怖に対する学習・記憶能力の低下が観察されています[4]。

うつ病：Depression

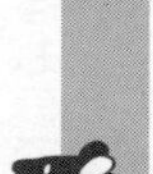

うつ病は、最もありふれた精神疾患のひとつで、成人10人のうち1人がうつ病に罹患した経験があると言われています。最近では、うつ病に罹患する年齢層も低くなり、大きな社会的問題となっています。全世界的な統計によると、個人が一生の間にうつ病に罹患する確率は約10パーセント程度であると述べています。うつ病患者の自殺のリスク率は10～15パーセントで、うつ病に罹患していない人に比べて約40倍も高いと言われています。

うつ病は、抑うつ気分と意欲の減退を主症状とする精神疾患です。身体症状には疲労感、食欲不振、不眠、体重減少、さまざまな自律神経症状（微熱、血圧変動、動悸、めまい、便秘など）が見られます。

うつ病の発症には、遺伝的要因とストレスなどの環境的要因が起因しています。その発病メカニズムとして、ドーパミンなどの生体アミンとセロトニンの減少、その他の神経伝達物質の分泌異常、ＢＤＮＦなどの神経栄養因子発現の減少、神経細胞のエネルギー代謝の変化、酸化的ストレスの蓄積による神経細胞の損傷などが考えられています。

表1　うつ病のヒトおよび実験動物の症状と前臨床試験における行動検査法（Buccafusco JJ, 2009 を一部改変）

ヒトの症状	実験動物の症状	前臨床試験における検査法
憂鬱な気分	断念（やけ）	強制水泳 尾懸垂試験
楽しさの減少	快感喪失	ショ糖嗜好性試験 性行動 新規物体認識 軽度慢性ストレス
過敏症状	攻撃	攻撃行動 社会行動 嗅球摘出
体重変化	体重変化	体重 摂餌・水
睡眠障害	睡眠構造	脳電位 概日リズム
精神運動障害	運動性	運動量
罪責感	行動の症状なし	-
集中力低下	行動の症状なし	-
自殺の考え	行動の症状なし	-
死に対する考え	行動の症状なし	-

うつ病の原因が多様であることは、その予防や治療もそれに合わせた開発の必要性があります。現在、うつ病治療剤の開発にはうつ病の疾患モデル動物に担うところが少なくありません（表1）。

動物に見るうつ病

動物実験でうつ病の症状を検出できる神経行動学的パラダイムには、「尾懸垂試験」「強制水泳試験」「ショ糖嗜好性試験」などがありますが、尾懸垂試験と強制水泳試験は、ストレスを負荷し、そのストレスから回避できずにうつ状態に至るもので、うつのモデル動物を作出する目的とします。

図6　尾懸垂試験法（懸垂下のマウス）

1　尾懸垂試験：Tail Suspension Test

尾懸垂試験は、うつ病モデル動物の作出に使われています。マウスの尾を固定し逆さにぶら下げるもので、懸垂下で頭を上にして逃れようと行動している時間と、逃げることを諦めてまったく行動しない無動の時間を計測するものです。無動の時間が長い個体は、うつのモデル動物となります（図6）。

実際、抗うつ薬の投与により、無動時間の減少が見られ、うつ病が改善されます。

2　強制水泳試験：Forced Swim Test

強制水泳試験は、マウスの尾が底に届かない程度の深さまで水を入れた円筒形の容器にマウスを入れます（図7）。マウスが

図7　強制水泳（マウスの無動化）

泳いで移動している時間と無動の時間を計測します。無動の時間の長い個体はうつのモデル動物となります。

Airanらは、慢性ストレスの暴露によりラットの無動時間の増加を認め、その増加は抗うつ剤の投与により緩和されることを報告しています[5]。

3　ショ糖嗜好性試験：Sucrose preference test

ショ糖嗜好性試験は、甘いものを好む動物の習性を利用したもので、ショ糖溶液と水の入ったボトルを同時に与えます。通常のマウスやラットであればショ糖溶液を好んで飲みますが、うつ状態のマウスやラットではショ糖溶液を摂取する割合が少なくなります。

Willnerらの報告によると、慢性のストレス（5〜9週間）に暴露されたラットは、ショ糖溶液の摂取割合が少なくなり、うつ状態が観察されますが、三環系抗うつ剤の長期間（2〜4週）投与により、うつ症状の緩和を認めています[6]。

不安障害：Anxiety Disorders

不安の表現として「不安でしょうがない」「恐ろしい」「怖くって落ち着かない」などと主観的な訴えがあります。不安とは、情緒的な漠然とした恐れの感情です。特定の外的対象に抱く場合は恐怖と言いますが、しばしば不安と区別されずに用いられています。

毎日の生活のなかで、不安になることは誰にでもあります。不安は異常な現象ではなく、われわれに警戒を促し、危険に備え、危険な状況から回避するために備わっている能力のひとつです。生きていく上で、適度な不安を感じることはとても大切です。しかし、その不安がいきすぎてしまうと毎日の生活に支障をきたすようになります。このような事態を「不安障害」と言います。

不安障害は、「全般性不安障害」「恐怖症」および「パニック障害」などに分けられ、各々が特徴的な症状を示します。

1 全般性不安障害（不安神経症）：Generalized Anxiety Disorder

不安は漠然とした恐れの感情で、明確な理由がないのに不安が起こり、いつまでも持続する病的な不安が全般性不安障害です。この病的な不安がさまざまな身体症状を伴ってあらわれます。慢性的な不安、過敏、緊張、落ち着きのなさ、イライラ、集中困難などの精神症状と、筋肉の緊張、首や肩のこり、頭痛、動悸、頻尿、下痢、不眠などが見られます。

疫学的に、有病率は3～8パーセントであり、女性に多く、男性の2倍以上と言われています。

2 恐怖性障害：Phobia

「恐怖症」ともよばれ、状況、環境または対象に対する持続的で不合理な強い恐怖を感じて、異常な拒絶反応を起こします。恐怖の対象に遭遇したとき、恐怖や不安感の程度によって、不快感やめまい、吐き気などの症状が見られます。

恐怖性障害は一般的なもの（広場恐怖、社会恐怖）または特異的なもの（動物恐怖、高所恐怖、雷恐怖）に分類されます。

3 パニック障害：Panic Disorder

「パニック障害」は、突然起こる激しい動悸や発汗、頻脈、ふるえ、息苦しさ、胸部の不快感、めまいなどの身体症状とともに強い不安や恐怖感を伴うパニック発作です。パニック発作自体は、10～20分くらいでおさまりますが、何回か繰り返すうちに、パニック発作に対する強い恐怖感や不安感が生じるようになります。これを「予期不安」と言います。

4 強迫性障害：Obsessive-compulsive Disorder

「強迫性障害」は、強迫概念や強迫行為に特徴のある不安障害です。無意味で馬鹿馬鹿しい考えであるとわかっていながら、その考えにとらわれ、払いのけようとすると不安になるのが強迫概念で、それが行為としてあらわれるのが強迫行為です。

たとえば、手を洗ったのに未だ汚れているとの不安から再度、手を洗い直したり、戸締りをしたのに際限なく確認するなど、日常生活が妨げられることになります。

5　心的外傷後ストレス障害：Posttraumatic Disorder

「心的外傷後ストレス障害」は、通常、ふつうに日常生活では経験しないような心的外傷体験、たとえば天災（地震、噴火、洪水など）や人災（事故、爆発、戦争など）の後に生じる特徴的な症状であり、このなかには原因となった外傷体験の反復する再体験や外傷を思い起こさせるような刺激の回避、外的刺激に対する無感覚、さまざまな自律神経機能障害などの症状があらわれます。

自分自身が体験したことばかりでなく、悲惨な場面の目撃、家族の不幸なども心的外傷ストレス障害の原因となります。

動物に見る不安障害

動物実験で不安症状を測定できる神経行動学的パラダイムには、「高架式十字迷路試験」「新規物体認識試験」「明暗箱試験」などがあります。この3つのパラダイムは実験動物が開放された空間を恐れる不安（恐怖）の程度を測定する検査法です。

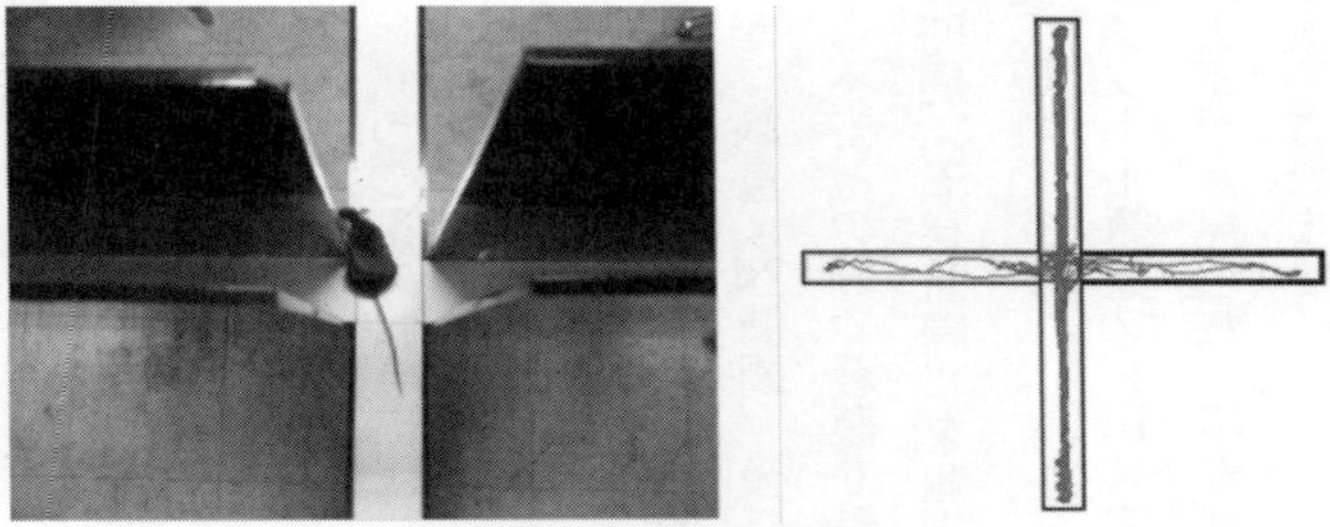

図8　高架式十字迷路

左：オープンアームとクローズアームの交差点上のマウス、右：マウスの足跡

1　高架式十字迷路試験：Elevated Plus Maze Test

高架式十字迷路試験は、恐怖、不安を測定する最も一般的な方法で、とくに抗不安薬のスクリーニングテストに利用されている神経行動学的測定法です。

測定装置は、両側の壁のない路（オープンアーム）と壁がある路（クローズアーム）が十字状に交差し、床底から約50センチメートルの高さの位置にあります（図8）。この装置は、ゲッ歯目が開かれた空間を嫌う性質を利用したもので、測定にはvideo tracking Systemを使用し、実験動物のオープンアーム、またはクローズアームの滞在時間、または各アームへの進入回数などを記録します。

クローズアームへの滞在時間の増加とオープンアームへの進入回数の減少は、被験動物に不安様行動があらわれていることを意味します。

コルチゾールの投与により誘発されたストレスモデルマウスの高架式十字迷路試験において、抗うつ剤の投与によりオープンアームに進入する回数の増加が見られ、抗うつ剤による不安感の減少効果が認められています[7]。

2　新規物体認識試験：Novelty Suppressed Feeding Test

動物が、絶食（24時間）後に新奇環境にさらされたとき、飼料の摂取欲求と新奇環境における不安との間で葛藤することになります。被験動物が新奇環境下で餌を摂取するまでの時間（潜伏時間）を測定します（図9）。飼料への潜伏時間の増加は、不安障害様行動の現れです。

コルチゾール誘発ストレスマウスの新規物体認識試験において、飼料を摂取するまでの時間の延長が見られ、不安状態が認められますが、抗うつ剤の投与によりこの時間の延長が改善されます[7]。

図９　新規物体認識試験（中央に位置した餌へのマウスの探索）

３　明暗箱試験：Light-Dark Box Test

明箱と暗箱の間に仕切り板を設置し、その仕切り板にマウスが通り抜けられる穴が開口しています。明箱に入れられたマウスは暗所を好むため、やがて暗箱に進入します（図10）。暗箱に進入するまでの時間、明箱と暗箱を往来する回数、および暗箱に滞在する時間を測定します。

明暗箱試験において、ストレスを負荷されたマウスは明箱に滞在する時間の増加が見られ、抗うつ剤の投与によって通常のマウスが示す暗箱の滞在時間の増加（明箱の滞在時間の減少）が認められています[8]。

図10　明暗箱テスト（明箱に入られたマウス）

おわりに

ヒトをはじめ、マウスやラットにおいて、ストレスは生体機能の不均衡をもたらし、そして脳機能の調節の低下を引き起こします。その結果、不幸にも認知機能障害、うつ病および不安障害などの精神疾患に移行することもあります。

本章では、これら精神疾患の治療薬については述べていませんが、最近では治療薬の開発が進められ、前臨床試験でその薬物の効果、あるいは安全性についてマウス、ラット、およびサルなどの実験動物を用いて行われています。しかし、これらの疾患はヒトに固有のものであるために、それらの疾患モデル動物が実際にヒトの疾患を反映しているのか、今後とも考えなければならない問題です。

参考文献

1 Song L, et al. : Pharmacol. Biochem. Behav., 83: 186-193, 2006.
2 Elizalde N, et al. : Psychopharmacol., 199: 1-14, 2008.
3 Palumbo ML, et al. : Stress, 12: 350-61, 2009.
4 Henningsen K, et al. : Behav. Brain. Res., 198: 136-141, 2009.
5 Airan RD, et al. : Science, 317: 819-823, 2007.
6 Willner P, et al. : Psychopharmacol., 93: 358-369, 1987.
7 David DJ, et al. : Neuron, 28: 479-493, 2009.
8 Ihne JL, et al. : Neuropharmacol., 62: 464-473, 2012.

斎藤《さいとう》 徹《とおる》……日本獣医生命科学大学 名誉教授、早稲田大学 人間科学学術院 招聘講師

１９４８年三重県生まれ。日本獣医畜産大学大学院獣医学研究科修士課程修了。獣医学博士。財団法人残留農薬研究所毒性部室長、杏林大学医学部講師、日本獣医畜産大学獣医学部教授を経て、２０１４年４月より現職。日本アンドロロジー学会名誉会員、日本獣医学会評議員、日本実験動物医学会実験動物医学専門医、早稲田大学動物実験審査委員会専門委員。１９８３～８６年、ＮＩＨ、シカゴ大学、１９９７～９８年、カロリンスカ研究所に留学。専門は、行動神経内分泌学。現在、瀋陽薬科大学客員教授、内蒙古農業大学特聘教授、ＣＩＣ研究開発センター研究顧問などを兼務。著書に、「母性と父性の人間科学」（共著、コロナ社）、「脳の性分化」（共著、裳華房）、「脳とホルモンの行動学」（共著、西村書店）、「実験動物学」（共著、朝倉書店）、「実験動物の技術と応用（入門編、実践編）」（編集、アドスリー）、「猫の行動学」（監訳、インターズー）、「Prolactin」（共著、InTech）など。

田中《たなか》 実《みのる》……日本獣医生命科学大学 名誉教授

１９５０年三重県生まれ。三重大学大学院農学研究科修士課程修了。医学博士。三重大学医学部助手、講師、助教授、日本獣医畜産大学獣医畜産学部（現・日本獣医生命科学大学応用生命科学部）教授を経て、２０１５年４月より現職。１９８６年９月～８８年８月、米国エール大学に留学。専門は神経内分泌学、分子生物学。現在、Frontiers Veterinary Science Associate Editor 著書に、「母性をめぐる生物学」（共著、アドスリー）、「人間動物関係論」（共著、養賢堂）。

文《むん》 彰鍾《ちゃんじょん》……全南大学校獣医科大学 教授、獣医科大学 動物医学研究所長

１９７２年韓国済州道生まれ。済州大学大学院獣医学研究科修士課程修了。琉球大学大学院医学研究科博士課程修了。医学博士。全南大学校獣医科大学准教授を経て、２０１１年９月より現職。２００５～０６年、ミシガン州立大学、２００８年、日本獣医生命科学大学、２０１１年、琉球大学に留学。２０１４～１５年、ミシガン州立大学客員教授。専門は、獣医解剖学、脳神経科学、動物行動学。

ストレスをめぐる生物学
—ネズミから学ぶ—

2016年1月31日　初版発行
斎藤 徹　編著

発　行　株式会社アドスリー
〒164-0003　東京都中野区東中野4-27-37
TEL：03-5925-2840
FAX：03-5925-2913
E-mail：principal@adthree.com
URL：http://www.adthree.com

発　売　丸善出版株式会社
〒101-0051　東京都千代田区神田神保町2-17
神田神保町ビル6F
TEL：03-3512-3256
FAX：03-3512-3270
URL：http://pub.maruzen.co.jp/

印刷製本　日経印刷株式会社

ISBN978-4-904419-58-8 C1045

母性をめぐる生物学—ネズミから学ぶ—

日本獣医生命科学大学
斎藤 徹　編著

B6 判・並製・112 頁
定価　本体 1,600 円＋税
ISBN978-4-904419-35-9　C1045

本書『性をめぐる生物学』姉妹編。母性についてネズミ等の研究からわかったことをもとに、人間を含めた動物の母性についてわかりやすく解説。

第 1 章　母と子の絆 ―――――――――――――――――― 斎藤 徹

はじめに / ネズミとは / 赤ちゃんネズミの誕生 / 母性行動 / 母子間コミュニケーション / どちらの親が子どもを育てるか / おわりに

第 2 章　ホルモンから見た母と子の絆 ―――――――――― 田中 実

はじめに / ホルモンのはたらきとは / ホルモンとはどのような物質なのか / ホルモンが作用するしくみ / 母性愛を強めるホルモン /「母は強し」と言われる理由 / プロラクチンはストレスに強くする / ベビーシッターをするとプロラクチンの分泌が多くなる / 生まれ（遺伝子）、それとも育ち（環境）が原因？ / ストレスに対処するホルモン / 幼少期のストレスが遺伝子のはたらきを変える / ホルモンが心の性を決める / 母乳中プロラクチンの子どもの脳への作用 / おわりに

第 3 章　脳から見た母と子の絆 ――――――――――――― 山内 兄人

はじめに / 脳の形と神経回路 / 神経細胞の集団である神経核 / 神経伝達物質が情報を伝える / 子どもからの信号 / 母性行動神経回路で重要な視索前野 / 嗅覚神経路と母性行動 / 母性行動とオキシトシン神経 / 母性行動とセロトニン神経 / 母性行動開始と脳のメカニズム / 未経産ラットでも母性行動の神経回路をはたらかせることができる / オスラットの母性行動 / 母性行動の発達と脳 / 母性行動をする子どもとしない子ども / 巣箱の効果 / 思春期での母性行動の減少 / おわりに

発行：株式会社アドスリー　　発売：丸善出版株式会社

性をめぐる生物学―ネズミから学ぶ―

日本獣医生命科学大学
斎藤 徹　編著

B6 判・並製・124 頁
定価　本体 1,600 円＋税
ISBN978-4-904419-36-6　C1045

本書『母性をめぐる生物学』姉妹編。性についてネズミ等の研究からわかったことをもとに、人間を含めた動物の性についてわかりやすく解説。

第 1 章　性を科学する ―――――――――― 斎藤 徹

はじめに / 性の誕生 / 繁殖効率 / 配偶子（精子）と配偶子（卵子）の出会い / 無性生殖から有性生殖への進化 / オスとメスの決定 / 同性愛男性とエイズ / 性行動（交尾行動）/ おわりに

第 2 章　オスの性を科学する ―――――――――― 近藤 保彦

はじめに / オスの魅力は見た目から / 恋の唄 / 唄はニオイに誘われて / 唄を歌わせるホルモン―オキシトシン / 魅力的なニオイ / フェロモンとは何か？ / どうして異性に惹かれるか？ / なわばりと闘争 / なわばりを主張するニオイ / 不安を与えるニオイ / ランデ・ブー / ネズミの性行動 / 動機づけ行動と完了行動 / 性行動を引き起こすホルモン―テストステロン / 脳内の性行動を調節するしくみ / 女に潜む男らしさ / 浮気と本気 / おわりに

第 3 章　メスの性を科学する ―――――――――― 富原 一哉

はじめに / 発情は排卵が決める / ヒトの女性が一番淫乱？ / 発情はホルモンが決める / 女が男を誘うとき / 女は男を吟味する / この子誰の子 / 男女の絆はとても大切 / 男と女の血の抗争 / 親子の絆とセックス / おわりに

発行：株式会社アドスリー　　発売：丸善出版株式会社